纳米科技与微纳制造研究

——技术路线图

纳米技术及应用国家工程研究中心
上海纳米技术及应用国家工程研究中心有限公司　主办

何丹农团队　编著

上海科学技术文献出版社
Shanghai Scientific and Technological Literature Press

图书在版编目（CIP）数据

纳米科技与微纳制造研究：技术路线图/何丹农团队
编著. --上海：上海科学技术文献出版社，2018
　　ISBN 978-7-5439-7609-2

　　Ⅰ.①纳…　Ⅱ.①何…　Ⅲ.①纳米技术—高技术产业
—产业发展—研究　Ⅳ.①TB383

中国版本图书馆CIP数据核字（2018）第099254号

责任编辑：孙　嘉

纳米科技与微纳制造研究——技术路线图

NAMI KEJI YU WEINA ZHIZAO YANJIU——JISHU LUXIANTU

何丹农团队　编著

出版发行：上海科学技术文献出版社

地址：上海市长乐路746号

邮政编码：200040

经销：全国新华书店

印刷：上海长城绘图印刷厂

开本：720×1000　1/16

印张：10.75

字数：210000

版次：2018年8月第1版　2018年8月第1次印刷

书号：ISBN 978-7-5439-7609-2

定价：200.00元

http://www.sstlp.com

序　言

　　纳米科学是一门在纳米尺度上研究物质的相互作用、组成、特性与制造方法的科学，现已成为 21 世纪世界科技发展中最主流的技术之一，也是世界各国最主要的研究热点之一。纳米科学的发展已极大地改变了人们对客观世界的认知水平，推动物理、化学、材料、环境、能源、信息、生物、医药、临床和工程等学科的发展。它汇聚了现代多学科领域在纳米尺度的焦点科学问题，促进了多学科的交叉融合，孕育了众多的科技突破和原始创新机会；它培育了新兴产业的发展，推动了传统行业技术提升与产业的升级，促进了产业的结构调整，并在这些新的领域内，涌现出了一批颠覆性和创新性的科技成果。

　　我国政府高度重视纳米科技的发展，将纳米科技的发展与国家未来在世界科技领域的地位挂钩，从国家层面制订了一系列纳米科技发展规划。在国家战略规划下，国家有关部门和地方政府积极响应，出台了有利于纳米科技发展的政策。上海作为长三角的龙头，肩负着 2020 年建成四大中心（国际经济、金融、贸易、航运中心）的历史使命。立足全球，努力打造世界级城市群的核心城市，成为世界的上海：这是上海 2030 年的新目标。中央对上海中长期发展提出的要求是：建设"具有全球影响力的科技创新中心"。这是一项国家战略，体现了中央对上海进一步集聚和融汇全球科技要素推进上海产业升级的要求。

　　当前，在新一轮产业升级和科技革命大背景下，纳米科技发展必将成为未来高新技术产业发展的基石和先导。上海正在加快建设具有全球影响力的科创中心，如何将纳米科技发展进行前瞻性、创新性和应用性的合理布局更显得至关重要。鉴于此，为了贯彻落实《上海市科技创新"十三·五"规划》，以纳米科技推动上海未来高新技术产业的发展，我们撰写了本书。由纳米技术及应用国家工程研究中心牵头，集聚了上海众多高校、研究所、医院和企事业单位有关专家和学者的智慧，编纂了《纳米科技与微纳制造研究——技术路线图》。该书从国内外纳米科技发展现状和上海纳米科技发展必要性入手，详细解读了上海纳米科技未来发展战略，提出了上海纳米科技发展关键体系建设内容的建议，描绘了上海纳米科技发展战略实施蓝图，提出了上海纳米科技发展的对策建议。该书一方面让我们看到了过去 20 年，上海在纳米科技发展取得的卓越成就，纳米科技对科技发展、社会生产、人民生活产生的巨大影响；另一方面，勾画出未来上海发展纳米科技的蓝图与实施的具体措施和方法。该书将为上海科技"十三·五"建设和"科创中心"建设提供支撑，为上海市乃至我国纳米科技的发展提供参考。

《纳米科技与微纳制造研究——技术路线图》摘要

指 导 思 想

《纳米科技与微纳制造研究——技术路线图》的出发点是：通过发展纳米科技来促进科技与产业的发展。当前，上海在加快"4个中心"和"科创中心"建设的背景下，如何将纳米科技发展进行前瞻性、创新性、应用性布局至关重要。开展《纳米科学与微纳制造研究——技术路线图》专题研究，旨在通过上海纳米科技的发展，加快支撑"4个中心"和"科创中心"的建设，助推制造业创新，提升产业竞争力，培育新兴产业，创造就业机会，支撑科技发展，进而推动社会和经济的可持续发展，为上海GDP维持7%以上的年增长率奠定基础。

《纳米科技与微纳制造研究——技术路线图》的主要核心是：其一，3个发展阶段，4个强化；其二，1张规划图，三大建设任务，9个重点方向；其三，实施与成果，对策与建议。

一、3个发展阶段、4个强化

1. 3个发展阶段

上海成为世界纳米科技相关政策与标准的制定者，引领全球纳米科技的发展。

上海成为纳米科技产业化的全球领导者之一，以纳米科技引领未来科技与产业进步与发展。

引领战略

加强人才培养，打造发展环境，确保上海纳米科技拥有国际竞争力。

赶超战略

追赶战略

2. 4个强化

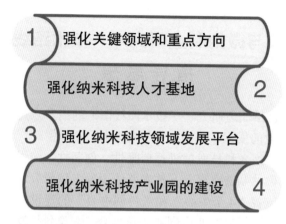

1　强化关键领域和重点方向

强化纳米科技人才基地　2

3　强化纳米科技领域发展平台

强化纳米科技产业园的建设　4

二、1张规划图，三大建设任务，9个重点方向

1. 1张规划图

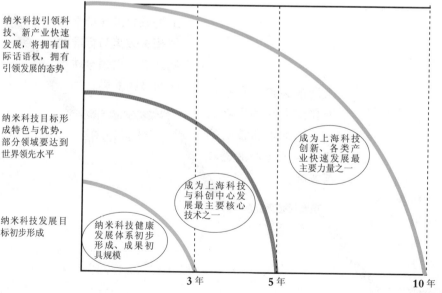

政府为主，企业与投资机构为辅；高校/科研院所，发展机制建立

企业与投资机构为主，政府为辅；奠定高校/科研院所/市场协同发展基础

政府、企业和投资机构并驾齐驱；实现高校/科研院所/市场有序健康发展

主体

纳米科技引领科技、新产业快速发展，将拥有国际话语权，拥有引领发展的态势

纳米科技目标形成特色与优势，部分领域要达到世界领先水平

成为上海科技创新、各类产业快速发展最主要力量之一

纳米科技发展目标初步形成

成为上海科技与科创中心发展最主要核心技术之一

纳米科技健康发展体系初步形成、成果初具规模

3年　　5年　　10年

时间

2. 三大建设任务

内容建设
- 纳米功能材料与技术
- 纳米环境材料与技术
- 纳米能源材料与技术
- 纳米信息材料与技术
- 纳米生物医学技术
- 航天与军民融合纳米技术
- 纳米检测技术与标准
- 微纳加工和微纳器件制备技术
- 纳米材料加工与检测关键仪器设备开发

平台建设
- 纳米功能材料制备与应用技术服务平台
- 纳米环境材料制备与应用技术服务平台
- 纳米能源材料制备与应用技术服务平台
- 纳米信息材料制备与应用技术服务平台
- 纳米生物医学应用技术服务平台
- 航天与军民融合应用纳米技术服务平台
- 纳米材料检测分析与标准技术服务平台
- 微纳加工和微纳器件制备应用技术服务平台
- 纳米科技信息技术服务平台
- 纳米科技国内外交流服务平台

体系建设
- 纳米功能材料科技发展创新体系
- 纳米环境科技发展创新体系
- 纳米能源科技发展创新体系
- 纳米信息科技发展创新体系
- 纳米生物医学科技发展创新体系
- 纳米技术与航天军民融合发展创新体系
- 纳米检测技术与标准发展创新体系
- 微纳加工和微纳器件制造发展创新体系
- 纳米材料加工与检测关键仪器设备发展创新体系

3.9个重点方向

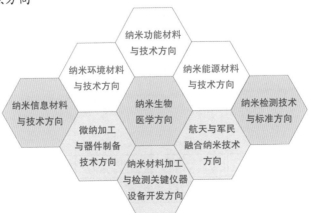

三、实施与成果、对策与建议

1. 实施与成果

标志性重要研究成果

产业应用 — 若干项新技术形成产业，使传统产业得到提升，形成数千亿元级产业规模基础

人才工程 — 新增专业领军人才80~120名、国际影响力人才45~70名，为纳米科技发展奠定基础

取得成果 — 取得70~100项基础研究成果 | 取得45~70项应用技术成果 | 35~50项关键技术成果得以转化

研究内容	2018年	2019年	2020年	2021年	2022年
纳米功能材料与技术	1.新型纳米材料的可控制备与多级构筑技术 2.海洋防腐涂料等 3.长效抗菌塑料及应用	1.防护纳米纤维 2.智能调湿涂料等 3.水凝胶的可控批量化制备	1.新材料可控量化制备技术突破 2.生物医用纳米纤维 3.轻质化热塑性聚合物复合材料	1.隐身涂料等 2.导热塑料等 3.特征水凝胶的新性能	1.百吨级生产能力 2.防护与生物医用产品 3.结构功能一体化纳米聚合物 4.石墨烯基导电复合塑料 5.仿生微环境材料
纳米环境材料与技术	1.典型废气治理 2.水污染控制与水环境保护	1.半封闭空间空气净化/室内空气净化 2.饮用水安全保障	1.污染物快速检测与识别 2.噪声污染控制	受损土壤高效修复	全生命周期管理集成技术
纳米能源材料与技术	1.微纳结构储电材料 2.高效太阳能转换材料	1.新二次电池/储能技术 2.轻质纳米储氢材料 3.低Pt/非Pt/非贵金属催化材料	1.气固复合储氢技术 2.太阳能转换器件 3.高效燃料电池 4.能源催化材料	1.规模化储电系统的集成技术 2.能源转化技术	1.高效储氢系统的集成技术 2.太阳能电池与器件 3.燃料电池系统的集成技术 4.能源转化的集成技术
纳米信息材料与技术	1.纳米电子浆料、电子墨水 2.低维纳米信息材料及器件 3.纳米光电探测器件	1.纳米抛光液 2.新型气敏材料，MEMS气体、生物传感器 3.柔性电子材料与器件	1.Si基和C基新型晶体管元器件开发 2.选择性探测阵列构建 3.面向显示器的低维材料与器件	1.超柔性半导体单晶纳米薄膜规模化制备 2.智能纳米材料及器件，新型功能器件模块	1.基于纳米材料的X射线衍射光谱成像系统 2.新型光电器件及系统集成
纳米生物医学	1.纳米药物 2.干细胞诱导、筛选 3.纳米安全性评价技术的形成 4.组织修复与替代材料部分产品转化	1.组织修复与替代用纳米材料 2.纳米医疗器件的开发 3.基因、干细胞治疗 4.建立纳米安全性标准	1.个性化定制产品与手术器械产品 2.纳米诊断技术与检测系统的完善 3.基因、细胞载体	1.调控细胞行动 2.组织修复与替代材料、诊断与治疗纳米技术形成产品 3.实验室认证体系	1.干细胞示踪成像 2.形成产学研医转化体系
航天与军民融合	纳米吸波材料、纳米抗辐射涂层材料	轻质高强纳米复合材料和多功能纳米复合材料	1.小型纳米航天器、纳米太阳帆 2.材料性能显著提升	轻小型超精密成像导、惯性导航光电器件	1.结构功能元件设计与仿真技术的研究 2.相关器件性能显著提升 3.生产成本大幅降低 4.特殊纳米涂层材料规模化应用
纳米检测技术与标准	原位实时检测方法	1.多尺寸显微成像技术 2.原位检测仪器与配件	1.联用检测方法与技术、仪器与配件 2.标准方法	1.智能化仪器与软件 2.检测标准及标准物质	健全检测与标准化全链条管理体系
微纳加工与器件	突破20.32cm(8英寸)MEMS/NEMS制备瓶颈	常规材料加工工艺标准化	纳米压印非标准化工艺放大	器件制备与性能表征	1.新型绿色加工设备、技术工艺研究 2.部分仿生器件示范应用 3.纳米压印初步标准化 4.电子束加工规模化应用 5.大尺寸制备设备开发完成
关键仪器设备	高灵敏传感器件	1.原位跟踪检测器件 2.复合功能分析仪器	1.纳米材料加工设备 2.高端通用仪器开发	精密科学仪器开发	健全国产设备全链条管理体系
平台建设	提升现有平台基地功能		建立创新功能平台		打造特色国内外交流平台

2. 对策与建议

1. 制定与国家发展和规划对接的政策

2. 强化前瞻创新与学科交叉发展的导向

3. 强化应用与市场需求发展的导向

4. 强化研发与服务平台建设的导向

5. 强化重大建设与国防需求发展的导向

6. 建立上海纳米科技发展专项基金计划

7. 注重纳米科技发展人才政策

8. 加强专利与标准意识，规范纳米技术产品市场行为

9. 加强宣传，打造有利于科研创新的环境

对策与建议

目　录

第一章　概　论

纳米科技的基本涵义是在纳米尺度（0.1~100nm）范围内认识和改造自然，通过直接操作或安排原子、分子创造新物质。纳米科技主要涉及纳米材料和纳米技术，纳米材料是指在三维空间中至少有一维处于纳米尺度范围，或由它们作为基本单元构成的材料。纳米技术是指纳米材料和物质的获得技术、组合技术以及纳米材料在各个领域的应用技术。纳米科技的发展与现代科学（混沌物理、量子力学、介观物理、分子生物学）和现代技术（计算机技术、微电子和扫描隧道显微镜技术、核分析技术）的发展关系密切，纳米科技的发展又引发出一系列新的科学技术，如纳米物理学、纳米生物学、纳米化学、纳米电子学、纳米加工技术和纳米计量学等。

纳米科技已成为 21 世纪世界科技发展中最主流的技术之一，也是世界各国最主要的研究热点之一，它的发展促进了新材料、功能材料、能源技术、信息技术、环境科学、生命科学、健康领域、传统产业领域的快速发展，颠覆性和创新性的科技成果不断涌现。因此，纳米科技被世界主要发达国家视作推动本国科技创新发展的主要驱动器，各国相继制订了国家纳米科技发展战略规划，从战略高度部署国家纳米科技的发展。

我国政府高度重视纳米科技的发展，将纳米科技的发展与国家未来在世界科技领域的地位挂钩，从国家层面制订了一系列纳米科技发展规划，从而推动我国纳米科技健康快速发展。在国家战略规划下，国家有关部门和地方政府积极响应，出台了有利于纳米科技发展的政策，上海市也在 2001 年启动了"纳米科技专项"，这些措施的落实，既培养和壮大了我国纳米科技人才队伍，又促进了我国纳米科技的快速发展。目前，我国在纳米科技前沿和基础研究方面已处于世界先进行列，部分处于领先地位，在纳米技术应用方面已深入到科技和各个工业发展领域，系列的应用成果正在助推科技和产业的快速发展。

2016 年 5 月 30 日，中共中央总书记、国家主席、中央军委主席习近平同志在全国科技创新大会上，总结了新中国在过去半个多世纪以来科技的发展历程，其中指出纳米科技等工程技术的成果，为我国成为一个有世界影响的科技大国奠定了重要基础。

上海作为长三角的龙头，肩负 2020 年建成四大中心（国际经济、金融、贸易、航运中心）的历史使命。上海要立足全球，努力打造成为世界级城市群的核心城市，成为世界的上海：这是上海 2030 年的新目标，而这一新目标的实现与上海科技发展在世界科技领域的领先地位关系尤为密切。

对于上海科技的发展，习近平同志在参加十二届全国人大五次会议上海代表团审议时，要求上海要以全球视野、国际标准，提升科学中心集中度和显示度，在基础科技领域做出大的创新、在关键核心技术领域取得大的突破。要突破制约产学研相结合的体制机制瓶颈，让机构、人才、装置、资金、项目都充分活跃起来，使科技成果更快推广应用、转移转化。要大兴识才爱才敬才用才之风，改革人才培养使用机制，让更多千里马竞相奔腾。

中央对上海中长期发展提出建设"具有全球影响力的科技创新中心"这项国家战略，充分体现了中央对上海做出的关于进一步集聚和融汇全球科技要素，以此推进上海产业升级的这一要求。因此，上海目前正在建设的科技创新中心是国家战略行为之一，是国家和上海为实现 4 个中心的重要布局。

在当前新一轮产业升级和科技革命大背景下，纳米科技发展必将成为未来高新技术产业发展的基石和先导。在上海加快建设具有全球影响力科创中心的背景下，如何将纳米科技发展进行前瞻性、创新性、应用性进行合理布局，更显得尤为重要。纳米科技成果将成为科技创新中心重要的技术支撑之一，助推科技创新中心的建设与发展，成为科技创新中心的重要组成部分。

2016 年，上海市人民政府发布了《上海市科技创新"十三·五"规划》，其中针对纳米科技和微纳制造，提出了系列目标，其核心是：希望在纳米材料与结构、超微器件与系统集成和检测表征等方面，取得若干国际一流的原创性成果，推动纳米技术在信息、生物医药、新能源和环保等产业领域的融合应用，推进微纳制造产业的发展。在建设"科技创新中心"和"4 个中心"重要布局的大背景下，在《上海市科技创新"十三·五"规划》的总体指导下，我们编纂了《纳米科技与微纳制造研究——技术路线图》这本专题研究专著，该书将为上海市今后 5~10 年的纳米科技与微纳制造技术绘制出加速发展的蓝图。

1.1　纳米科技的发展与内涵

纳米科技是一门交叉性很强的综合性学科，研究内容涉及到现代科技的广阔领域。目前，涉及的应用领域主要有材料制备与制造、微电子与计算机技术、医学与健康、航天与航空、环境与能源、生物技术与农业技术等方面。由于其涉及领域多，应用范围广，经过近半个世纪的发展，纳米科技带来了一场科技革命，助推了各领域科技的快速发展，同时也引发了产业革命，对全球经济、资源、环境和健康等各个领域的发展产生了深远影响。

1.1.1　纳米科技的定义

2000 年，美国国家科学与技术委员会发布的国家纳米科技启动计划（National

Nanotechnology Initiative，NNI），将纳米科技定义为"1~100nm 尺寸间的物体，其中能有重大应用的独特现象的了解与操纵"，而现在对纳米科技的定义则更加宽泛，涵盖了物理、化学、生物等领域在单个原子或分子到亚微米尺度的研究与操作，也包括将纳米结构集成到更大的系统中。

纳米科技关注的是物质在纳米尺度上表现出来的新现象和新规律。纳米科技研究主要包括 3 个方面：

（1）纳米科学：探索与发现物质在纳米尺度上所表现出来的各种物理、化学、生物学现象及其内在规律，为纳米科技应用与产品的研发提供理论指导。

（2）纳米技术：包括纳米材料制备、复合、加工、组装、测试与表征，实现纳米材料、纳米器件与纳米系统的可控制备，为纳米技术的应用奠定基础。

（3）纳米工程：包括纳米材料、纳米器件、纳米系统以及纳米技术设备等纳米科技产品的设计、工艺、制造、装配、修饰、控制、操纵与应用，推动纳米科技产品走向市场、服务于经济社会。

1.1.2 纳米科技的诞生

纳米尺度上的科学与技术问题，最早是美国诺贝尔物理学奖获得者理查德·费曼提出的。1959 年，他在一个题为《在底部还有很大空间》的演讲中预言："如果人类能够在原子、分子的尺度上来加工材料、制备装置，我们将会有许多激动人心的发现"。"纳米技术"一词，最早是由日本东京理科大学谷口纪南教授提出的（1974 年），用来描述精细的机械加工。但被美国人视为"纳米技术之父"的却是埃里克·德雷克斯勒，他于 1979 年在斯坦福大学建立了世界上第一个纳米科技研究小组。他认为：有朝一日纳米机器人可以像科幻小说家描述的那样来承担人类所有的工作。20 世纪 80 年代初，出现了扫描隧道显微镜（STM）、原子力显微镜（AFM）等微观表征和操纵技术后，纳米科技得以迅速发展，尤其在 1982 年出现了扫描隧道显微镜，这一年被称为纳米元年。1990 年 7 月，第一届国际纳米科学技术会议在美国巴尔的摩举行，标志着纳米科学技术的正式诞生。1991 年，国际纳米科技指导委员会将纳米科技分成了 6 个分支学科，即纳米电子学、纳米物理学、纳米化学、纳米加工学、纳米生物学和纳米度量学。纳米技术从 1999 年开始才逐步走向市场。2000 年 1 月，时任美国总统的克林顿在加州理工学院发表演说，宣布美国"国家纳米科技计划"启动，政府投资约 5 亿美元，集中用于纳米技术的研究开发。进入 21 世纪，随着美国提出纳米科技的国家战略计划之后，很快引发了纳米科技的全球性大规模投入，至今已有超过 80 个国家提出了与纳米科技相关的战略计划，并取得了瞩目的成就。纳米技术主要沿着以下基本研究方向发展，即纳米材料、纳米检测技术与仪器、纳米器件与制造、纳米生物与医学。其中，纳米材料按不同的应用领域又可细分为：先进纳米功能材料、纳米环境材料、纳米能源材料、纳米生物医药材料、纳米信息材料等。目前，纳米科技已和信息技术、生物技术并列，成为当今世界科技发展的三大重要支柱技术之一。

1.1.3 纳米科技的研究进展

纳米科技涉及研究领域众多，针对其研究进展，我们主要从纳米材料、纳米检测技术与仪器、纳米器件与制造、纳米生物与医学以及我国纳米科技的研究发展 5 个方面来分别进行阐述：

（1）纳米材料的研究进展

纳米材料是纳米科技发展的重要基础，纳米材料的研究已由超细纳米粉体的研究发展为尺寸／晶面可控的单分散纳米晶、纳米线／管阵列的研究，对纳米材料性质的研究也由追求小尺寸和大比表面积的研究，转向物理化学性质的研究以及表界面的研究。针对纳米材料的研究进展，标志性的研究成果主要有：1983 年，美国的布鲁斯教授通过量子点的制备与性质研究，发现了量子效应。1984 年，德国萨尔布吕肯的格莱特教授利用 6 nm 直径的铁粉颗粒压成世界上第一块人工纳米材料，提出了纳米晶界面结构模型，引发了一场材料学的革命。1985 年，美国赖斯大学教授柯尔、斯莫利及英国科学家克罗干发现了碳元素的同素异形体"巴基球"，并因此获得了 1996 年诺贝尔化学奖。1988 年，法国科学家发现了纳米结构中的巨磁电阻效应，极大地促进了数据存储技术的发展。1991 年，日本名城大学教授饭岛澄男在对石墨棒放电形成的阴极沉积物中，利用高分辨电镜发现了碳纳米管（碳纳米管的质量是相同体积钢的 1/6，其强度却是钢的 100 倍），对碳纳米材料的发展起到了巨大的推动作用，他也凭借此项成就获得了富兰克林奖章。2004 年，英国曼彻斯特大学教授安德烈·海姆与康斯坦丁·诺沃肖洛夫用普通的塑料胶带，首次从石墨上剥离出二维材料——石墨烯，因具备独特和优异的电学性能，在纳米器件等方面具有极为广阔的应用前景，两人也因此获得了 2010 年诺贝尔物理学奖。

（2）纳米检测技术与仪器的研究进展

纳米检测技术在纳米科技的发展中占有重要地位，是在纳米尺度上分析材料的结构、物理、化学等性质的方法、原理和技术。在发展过程中产生的标志性研究成果主要有：1931 年，德国物理学家鲁斯卡利用磁透镜使电子束成像聚焦的原理，制成了世界第一台全金属镜体的电子显微镜（TEM），将放大倍数提高到 1.2 万倍，使人类观测进一步向纳米量级延伸。1982 年以来，德国物理学家宾尼希与其导师罗雷尔利用量子隧穿机制发明了第一台扫描隧道显微镜（STM），它是国际上纳米表征与检测手段中最有代表性的检测技术，使人类首次能实时在原子尺度上对物体进行原位观测，因此获得了 1986 年诺贝尔物理学奖。在 STM 之后，又陆续发展出与其工作原理类似的新型显微技术，包括原子力显微镜（AFM）、横向力显微镜（LFM）、压电力显微镜（PFM）等，这些用探针对样品进行扫描成像的显微镜统称为扫描探针显微镜（SPM）。30 多年来，这个领域取得了诸多令人瞩目的研究成果，促进了纳米科技的飞速发展。此外，X 射线衍射（XRD）分析技术、波谱学方法也是纳米表征技术在高分辨纳米结构解析方面的重要研究方向。2014 年，3 位科学家因"开发出超分辨率的荧光显微镜"获得了诺贝尔化学奖，利用这项超分辨率荧光显微技术能够得到纳米尺度分辨率的清晰显微影像。

（3）纳米器件与制造的研究进展

纳米器件是具有纳米尺度结构新型功能的器件与集成系统；纳米制造是以设计、制备加工、控制、修饰、操纵与集成纳米尺度的单元和特征为手段，实现纳米结构、器件与系统的生产方法和技术。纳米器件与制造的发展是纳米科技走向应用的重要阶段，其标志性的研究成果主要包括：1990 年，美国国际商用机器公司（IBM）研究人员，利用扫描隧道显微镜在镍表面搬动了 26 个氙原子，排出了"IBM"的图案，这一技术使科学家们对设计与制造分子器件产生了希望。1999 年，巴西和美国的科学家发明了世界上最小的"秤"，它可以称量十亿分之一克的物体（仅相当于一个病毒的质量）。2001 年，美国 IBM 公司的研究人员利用碳纳米管成功制造出了纳米晶体管。2006 年，英特尔公司采用 90 nm 与 65 nm 制造技术成功研制了含有十几亿个晶体管的处理器。2007 年，法国和德国科学家成功研制了可以旋转的"分子轮"，并组装了真正意义的世界上第一台分子机器——生物纳米机器。2008 年，英国英特尔公司采用 32nm 制造工艺的微处理器投入批量生产。2015 年，14nm 的集成电路芯片已经进入大批量生产；2016 年，10nm 集成电路也开始批量生产。2016 年 6 月，Science 报道，北京大学郭雪峰团队发展了以石墨烯为电极、通过共价键连接的稳定单分子器件的关键制备方法，解决了单分子器件制备难、稳定性差的难题。2016 年 10 月，Science 报道，加州大学伯克利分校阿里·加维团队将现有晶体管制程从 14nm 缩减到了 1nm，突破了 5nm 的物理极限。2017 年，美国苹果公司发布了采用 10nm 八核处理器的新款 Ipad。同时，台积电将于 2018 年上半年开始量产 7nm 产品。纳米技术的飞速发展使得信息技术开始进入后摩尔时代。

（4）纳米生物与医学的研究进展

纳米生物与医学是利用纳米材料具有的独特性能和纳米表征技术来对生命过程进行检测与调控。由于涉及对生命的认识与调控，它是纳米科技的一个重要分支学科，主要体现在生命领域（如基因破译与检测、细胞研究与治疗等）、疾病防治领域（如癌症、艾滋病等的检测与治疗、新型药物开发等）、仿生领域（如纳米仿生骨等）等。标志性的研究成果主要有：1992 年，日本开始研制能进入人体血管进行手术治疗的纳米机器人。2004 年，约翰·霍普金斯大学的研究人员发现了一种可以作为医学传感器的蛋白分子开关。2006 年，由美国麻省理工学院埃利斯·本克主持的研究小组与香港浸会大学研究人员合作，发现了纳米肽蛋白纤维液体可以迅速地止血。2007 年，世界上第一个生物纳米技术制动器被欧洲科学家开发出来。2008 年，美国加州大学洛杉矶分校的研究人员设计开发出一种可控输送抗癌药物的"纳米机器"。2013 年，美国加州大学圣地亚哥分校的科学家发现一种可以除掉体内的毒素，可用于对抗细菌感染，可包覆红细胞膜的纳米粒子。随着纳米科技的不断进步，纳米生物与医学将在纳米生物材料、药物和转基因纳米载体、纳米生物相容性人工器官、纳米生物传感器和成像技术等领域取得越来越多的突破性进展。

1.1.4　纳米科技的内涵

目前的纳米科技，主要涉及纳米材料和纳米技术，与多学科交叉将形成纳米物理学、纳米化学、纳米生物学、纳米电子学、纳米力学、纳米加工学等研究领域，当材料粒径在纳米尺度范围内一般具有以下特点：

表面效应：指纳米粒子的表面原子数与总原子数之比，随着纳米粒子尺寸的减小而大幅度地增加，粒子的表面能与表面张力也随着增加，从而引起纳米粒子性能的变化。

小尺寸效应：当超微颗粒尺寸不断减小，在一定条件下会引起材料宏观物理、化学性质上的变化，称为小尺寸效应。

量子尺寸效应：指当粒子尺寸下降到某一值时，金属费米能级附近的电子能由准连续变为离散，从而导致纳米粒子磁、光、声、热、电以及超导电性与宏观特性有着显著不同的现象。

纳米科技将促进新材料、功能材料、能源技术、信息技术、环境科学、生命科学、健康领域、传统产业领域的快速发展，其核心就是有望产生颠覆性和创新性的科技成果，是推动科技创新发展的最主要的驱动器之一。

1.2　微纳制造的发展与内涵

随着制造业的发展，制造工艺对加工精度的要求越来越高，传统机床的加工精度已经远不能满足飞速发展的消费层次与高端制造业领域对加工精度的要求，如电子硅芯片、大规模集成电路以及对表面粗糙度要求很高的液晶面板等。于是，人们把眼光投入到提升精度更高的加工技术上，从最初的毫米级，到其后的微米级，再到现在的纳米级，于是，"微纳制造"这一概念便应运而生了。

1.2.1　微纳制造的定义与内涵

微纳制造主要研究特征尺寸在微米、纳米范围的功能结构、器件与系统设计制造中的科学问题，研究内容涉及微纳器件与系统的设计、加工、测试、封装与装备等，是开展高水平微米纳米技术研究的基础，是制造微传感器、执行器、微结构和功能微纳系统的基本手段和基础。微纳制造以批量化制造，结构尺寸跨越纳米至毫米级，包括三维和准三维可动结构加工为特征，解决尺寸跨度大、批量化制造和个性化制造交叉、平面结构和体结构共存、加工材料多种多样等问题。突出特点是通过批量制造，降低生产成本，提高产品的一致性、可靠性。从以上内涵可以看出，微纳制造隶属于纳米科技的范畴且与纳米技术息息相关。

微纳制造在近几十年的发展过程中，从开始的单纯理论性质的基础研究又衍生出了许多细分方向。如微纳级精度和表面形貌的测量，微纳级表层物理、化学、机械性能的检测，微纳级精度的加工，微纳级表层的加工原子和分子的去除、搬迁和重组，纳米材料规模化制造，微型和超微型机械，微型和超微型机电系统和其他综合系统等。随着对微纳制造技术研究的不断深入，微纳制造的应用领域也得到了很大拓展，在纳米生物学、国防军工和民用产品等方面都得到了应用。

1.2.2 微纳制造在各国的发展

随着先进制造技术的多学科融合与快速发展，微纳制造技术在促进国民经济发展和增强国防实力等诸多方面发挥的作用越来越大，已经成为衡量一个国家/地区科技发展水平的重要标志。美国、欧盟、日本等国或组织都积极制定发展战略、发展规划以及相关配套的政策，引导和推进本国/地区微纳制造技术与相关行业的发展，奋力抢占全球制造业的高端价值链，引领全球制造业的技术进步。

微纳制造在美国的发展：2010年9月，美国国家科学基金会在宣布启动可扩展纳米制造领域的合作研究与教育项目。该项目是对国家纳米科技计划（NNI）提出的"可持续纳米制造——开创未来产业"的补充及其组成部分。2011年6月，时任美国总统奥巴马宣布了一项超过5亿美元的"推进制造业伙伴关系"计划，通过政府、高校与企业的合作来强化美国制造业。

微纳制造在欧盟的发展：2007年，欧盟第七框架计划（FP7）在第三主题（信息与通信技术）和第四主题（纳米科学、纳米技术、材料与新生产技术）中都设立了许多与微纳制造技术相关的专项课题。2009年6月，时任英国首相布朗公布了"建设英国的未来"计划，强调要大力促进英国先进制造技术的发展，特别是绿色制造技术和高附加值制造体系。2010年11月，英国科学办公室发布了《技术和创新未来：英国2020年增长机遇》，将MEMS和3D压印技术作为未来发展重点。2010年12月10日，英国商务创新和技能部公布了《先进制造业增长评述框架》报告。报告中指出：在制造业咨询服务方面3年投资5 000万英镑。该咨询服务能为企业提供高价值决策咨询服务，提升了中小企业的生产力和竞争力。

法国也专门成立了纳米技术研究中心，自 1999 年以来，重组了公共研究机构的微技术和纳米技术研究，创立"国家微纳技术网络"，强化公共与私营研究部门的联系，促进纳米技术研究成果向中小企业与新兴企业转化。

微纳制造在日本的发展：2007 年底，日本机械学会发布了未来社会"技术路线图"（至 2030 年），将"微纳加工"、"工业机器人"等先进制造技术列为将对社会进步产生重大影响的十大关键技术领域。日本微机电研究中心也制订了 MEMS 标准路线图。此外，日本近年来还开展实施了多项先进制造技术计划，以提升高端制造业领域的技术进步。

微纳制造在中国的发展：微纳制造作为极端制造技术的重要组成部分，也得到了我国政府高度的重视，《国家中长期科学和技术发展规划纲要（2006～2020 年）》中也明确提出，引领未来经济社会发展的前沿技术之中，力争在纳米科技革命中占有一席之地。近几年，在政府的大力支持和科研人员的不懈努力下，我国在微纳制造技术领域取得了一些接近或处于世界领先水平的成果。但是这些成果多数是追随国外的踪迹，自主创新较少。究其原因，一些微纳制造领域的核心技术没有掌握，高精密仪器装备尚不能自主制造，导致我国微纳制造技术成熟度不高。因此，我国应大力支持相关微纳制造技术方面的研究，开发具有自主知识产权的新一代制造技术，及时把握住这一重大科技发展方向，抓住机遇，力争在"十三·五"期间在微纳制造技术领域的竞争中赢得优势，促进我国制造业的快速发展，实现我国由"制造大国"向"制造强国"的转变。

1.2.3 典型的微纳制造技术

典型的微纳制造技术主要包括：光刻技术、化学组装与合成技术等。

1.2.3.1 光刻技术

光刻技术主要包括光学光刻、粒子束光刻、纳米压印光刻和扫描探针光刻等。

（1）光学光刻

光学光刻技术易于大批量制造，一直是微纳加工的重要手段。通过对光敏胶的选择性曝光和显影，从而将光刻图形转移至光刻胶中。之后，再利用图形化的光刻胶对衬底材料进行刻蚀加工。光学光刻技术目前已经非常成熟，特别是在集成电路制造中扮演着重要的角色。早期的光刻使用汞氙灯作为光源，由于其中的 g- 线（波长 436 nm）和 i- 线（波长 365 nm）的波长较长，极限分辨率（半周期）在 500 nm 左右。20 世纪 80 年代，IBM 公司首次将深紫外（DUV）波段的准分子激光（KrF 和 ArF）应用于光刻中。近几年来，液浸式 ArF-193nm 准分子激光光刻技术获得了应用，2015 年，14nm 的集成电路芯片已经进入大批量生产，2016 年，10nm 集成电路也开始批量生产。在未来几年，极紫外光刻技术将获得应用，用于生产 7nm 甚至 5nm 的集成电路。

（2）粒子束光刻

聚焦电子束和聚焦离子束是带电粒子经过电磁场聚焦后形成极细粒子束，能够用于纳米图形的形成。聚焦电子束可以在光刻胶中进行顺序扫描，称为"直写"，对光刻胶曝光形成高分辨率图形。

电子束直写方式能够获得极高的图形分辨率，但是其顺序扫描的工作原理导致效率极其低下。为解决这一问题，高效率的电子束曝光系统是其发展的另一方向。形状束（Shaped Beam）、投影曝光、多电子束曝光等电子束曝光系统，均能提高曝光效率，但牺牲了一定的曝光剂量（单位面积的库仑数）和分辨率。

聚焦离子束除了可以像电子束一样用于曝光之外，还可以对固体材料表面直接加工。聚焦离子束通过对离子能量、剂量、气体压力和流量等参数的调节，能够同时实现材料表面三维形状的沉积和溅射。聚焦粒子束还可以用于无掩模离子注入，聚焦粒子束能够进行光刻、溅射、沉积和离子注入，是一个非常灵活多用的工具。当然，和电子束直写系统相同，聚焦粒子束系统也受到低生产效率的困扰，因此，科研院所和产业界的研发实验室是其主要舞台。

（3）纳米压印光刻

1995 年，应用聚合物材料物理成型的方法获得纳米结构的纳米压印技术，和传统工业的光碟压印复制生产十分类似。纳米压印光刻能够实现电子束曝光的高分辨率，具备 < 10 nm 的图形能力。同时压印能够针对整片晶圆一步完成，又解决了电子束直写效率低下的问题，成为具有前景的工业化生产技术。常见的纳米压印技术是：热压印、紫外压印和微接触印刷 3 种。

纳米压印的高分辨率、多尺寸兼容和高产率等多项优势，确立了其纳米制造中不可动摇的重要地位，应作为未来重点发展方向投入研究。尤其是针对百纳米尺度的大面积纳米压印制备大高宽比纳米结构的方法，将是未来 5 年中微纳制造的基础研究和工业应用的焦点。目前，纳米压印已在工业界，如柔性显示、触摸屏、传感器表面、屏蔽箔片等方面生产有一定的应用，但是现有技术的分辨率和精度还处在微米和亚微米尺度，有待提高。

（4）扫描探针光刻

扫描探针光刻是利用扫描探针显微镜中小至原子尺度的针尖，对衬底材料的微观粒子进行操控，或对材料的表面进行改性，从而形成纳米级图形。1993 年，IBM 研发中心的 M.F. Crommie 等人利用 STM 的针尖，对铁原子的范德华吸附力将其在铜衬底上进行移动，并最终排列成环状的结构。环形的铁原子对电子形成了量子围栏，最终造成了电子的量子波动。扫描探针光刻的分辨率极高，可形成原子级的纳米图形，同时可以对形成的图形进行检测。因此，它在纳米技术研发，特别是原子尺度下的物理特性研究方面具有广泛的应用。然而，由于其使用机械式的方式进行扫描，光刻速度极慢，目前还无法进行批量生产。

1.2.3.2 化学组装与合成技术

化学组装与合成技术主要包括：自组装单层技术和纳米化学合成技术等。

（1）自组装单层技术

自组装是一种广泛存在于自然界的现象。微观粒子之间由于静电力、化学键和范德华力的相互作用，最终形成有序的排列结构。自组装单层技术（Self-Assembled Monolayer）充分利用此原理，使得单元颗粒组成具有特定结构的纳米图形。单元颗粒一般为有机分子、胶体球和无机球等。这些单元颗粒与衬底键合，形成紧凑的周期性结构。根据所用单元颗粒的大小，自组装单层技术可制备出分辨率 10 nm 以下至微米级的图形。此外，图形的尺寸可通过等离子体刻蚀进一步减小。自组装技术中各个单元颗粒的排列都是并行进行的，因此其制造速度快，产量高。此外，它所需的材料和设备简单，工艺成本低廉。然而，自组装技术完全依赖于颗粒间自发的作用，所产生的纳米图形都是单调周期性结构，而不能形成任意结构的图形。为了突破这些难点，引导自组装技术（DSA）使用外力，如预先定义的图形、电场和磁场等对纳米颗粒的自组装过程进行影响，从而得到特定结构的自组装图形。这项技术可大大增强自组装技术的灵活性，并扩大其应用范围。

（2）纳米化学合成

化学气相合成是目前制备一维半导体纳米线结构的常用方法。其基本原理是：利用金属纳米颗粒的催化作用，促使半导体材料结晶并生长出纳米线。化学气相合成方法可用来制备各种半导体纳米线，如硅、锗、III-V 族材料和碳纳米管等，制备的纳米线具有良好的均匀性和单晶性。因此，生长出的半导体纳米线常用于晶体管、生物和气体传感等领域。然而，这类方法生长的纳米线具有随机的位置和方向，限制了其应用。类似的方法还有水热法：水热法利用溶液中的功能离子形成过饱和溶液，从而在籽晶上结晶形成纳米线。此外，水热法所需的工艺温度低，设备简单，成本较低。

综上所述，目前几种典型的微纳制造技术均存在着优缺点，从成本、产率、分辨率和可控性等各方面综合分析，纳米压印技术能够将基础科学研究和工业大规模制造有机结合，在需要前沿科技支撑的核心零部件领域的制造中发挥科技创新，在全面创新中发挥引领作用，促进中国制造向中国智造的转变。在未来 5~10 年新工业革命时代的大潮中，微纳制造技术将提升我国科技实力和创新能力，并以其最重要、最关键的技术影响我国未来的科技和产业发展，奠定我国从科技大国向科技强国迈进的坚实基础，使中国的工程科技造福人类、创造未来。

1.3　总　结

随着纳米科技的多学科融合与快速发展，纳米科技已广泛应用于新材料、环境、能源、生物与医药、电子与信息等领域。"十二·五"期间，我国许多纳米科技研究的成果已展现出非常好的产业化应用前景，其中碳纳米管触摸屏、电池用碳纳米管导电浆料、纳米抛光液、纳米传感器等技术已在多个行业实现应用；由于纳米技术的开发，疾病快速检测、组织工程修复材料、药物载体等领域的研发得到了长足的发展；纳米技术在催化领域的应用也获得重大突破。此外，纳米技术在能源与环境领域中应用示范的成果也源源不断地出现。

纳米科技的快速发展，促进了科技和经济的快速发展，已成为衡量一个国家 /地区科技发展水平的重要标志，是 21 世纪产业革命的最重要技术之一。世界各主要经济体也都加大了对纳米科技的投入，都试图抢占这一新世纪科技战略的制高点。 各国以纳米科技前瞻性研究为先导，以应用研究为导向，向各个经济发展领域快速地渗透，形成基础研究 - 应用研究 - 技术转移的一体化模式。

我国党中央对上海提出了"创新驱动发展经济转型升级"的发展战略，确立了"4 个中心"、"科创中心"的发展主基调，而这些中心的发展都离不开高新技术的支撑。纳米科技的健康发展必将促进科技的快速发展，促进新型产业的快速发展，促进传统产业升级与改造。因此，如何合理布局纳米科技的发展，是关系到下一阶段上海科技的健康发展，关系到上海"科创中心"和"4 个中心"建设的重大课题；同时也关系到上海健康与环境发展、节能与新能源发展、新型产业与传统产业等领域的发展。所以，我们在布局规划纳米科技发展时，既要做到前瞻性、创新性和应用性，又要做到资源整合，有所为、有所不为；同时还要重视政府的引导和宣传，吸引社会各类资源的投入，共同为上海科技健康发展而努力奋斗。

第二章 国内外纳米科技发展现状分析

2.1 国外纳米科技发展布局

纳米科技是 21 世纪的前沿科技领域，鉴于其对社会和经济发展的重要影响，各国争相制定了发展纳米科技的国际战略，美国、欧盟、日韩和金砖等科技强国或组织都已投入巨资支持纳米科技的发展。近年来，各国对纳米科技研发的投入都在不断增加。

2.1.1 美国

美国对纳米科技的早期投入：1991 年，美国正式将纳米科技列入"国家 22 项关键技术"和"2005 年的战略技术"。1997 年，美国国防部将纳米科技提高到战略研究领域的高度。2000 年 2 月，白宫正式发布了"国家纳米科技计划"（NNI），提出了美国政府发展纳米科技的战略目标和具体战略部署，这标志着美国进入了全面推进纳米科技发展的新阶段。从 2000 年（1.7 亿美元）到 2010 年（19.13 亿美元），美国政府对纳米科技的投入总金额持续飙升。

美国对纳米科技的中期投入：美国国会在 2010～2012 年对纳米科技研发的投入分别为：19.13 亿美元、18.47 亿美元和 18.57 亿美元，在 2010 年达到巅峰；2013~2016 年，年投入在 14.96～15.74 亿元范围内略有波动，在早期的高速增长期后，逐步步入稳定发展期。

美国对纳米科技的当前投入：NNI 在 2017 年的投入预算为 14.44 亿美元，充分反映了美国政府对于纳米科技研发的持续支持力度。2017 年的 14.44 亿美元总预算中，42% 的资金投入到基础性研究领域，体现了基础性研究的一贯重要性。此外，40% 的资金投入到纳米科技相关的产品和应用研发中。这反映出美国政府重视纳米科技从实验室到商品化的转化。同时，2017 年美国在纳米科技研发的基础设施建设方面的预算为 2.35 亿美元，比 2015 年增加 7%，这为具有世界一流水平的纳米制造、表征和测试的研究设施注入了强力的资金支持。NNI 自 2001～2017 年已累计投资 240 亿美元，主要用于基础性研究、纳米科技相关产品和应用研发，同时增加了在纳米科技研发方面的基础设施建设，这显示了美国政府对于纳米科技研发的持续支持力度和重视。

2.1.2 欧盟

欧盟对纳米科技的早期投入：自 20 世纪 90 年代以来，纳米科技在欧盟科技发展领域占据了越来越重要的位置。欧盟从第 4 框架计划（1994~1998 年）开始对纳米科技进行大量投入。第 4 框架计划研发经费总投入 131.21 亿欧元，其中大约有 80 个包含纳米科技的项目得到资助；第 5 框架计划（1999~2002 年）研发经费总投入 148.71 亿欧元，其中每年对纳米科技项目的资助金额大约在 4 500 万欧元。

欧盟对纳米科技的中期投入：根据欧盟第 6 框架计划（2002~2006 年）研发分析，总投资为 192.56 亿欧元，其中，纳米科技作为优先发展的 7 项主题领域之一，投资金额为 13 亿欧元。2007 年欧盟启动第 7 框架计划（2007~2013 年），总投资为 505.21 亿欧元，20 年左右，欧盟框架计划投入增加了 10 倍以上，其中与纳米科技相关的预算约占 11%。

欧盟对纳米科技的当前投入：2014 年，欧盟启动为期 7 年新的研究与创新框架计划——"地平线 2020"。该计划从 2014~2020 年预计共投入约 770.28 亿欧元，到 2020 年，欧盟研发与创新投入将占欧盟总财政预算的 8.6%。保持使能技术 *（Enabling Technology）和工业技术领先（LEIT），是"地平线 2020"中三大战略优先领域之一"产业领导力"的核心部分，该领域的技术创新和发展被认为是支持未来工业，帮助中小型创新型欧洲企业成长，决定欧洲企业全球竞争力的关键。而纳米科技、先进材料、生物技术等研究方向就包含在保持使能技术和工业技术领先中，计划投入 135.57 亿欧元，其中分配给纳米科技和先进材料领域 38 亿欧元，用于研究与纳米科技相关的医疗保健和低碳能源技术以及市场化应用，以提高欧盟的工业竞争力和可持续发展能力。

2.1.3 日韩

日本对纳米科技的早期投入：日本是开展纳米科技基础和应用研究最早的国家之一。1981 年，日本科学技术厅就推出了"先进技术的探索研究计划"（ERATO），每年启动 4 个 ERATO 基础研究项目，每个项目实施 5 年，研究内容绝大部分是纳米科技的前沿课题。每个 ERATO 研究项目的经费为 20 亿日元，直接从日本政府一年的预算中支出，不受外界经济波动的影响。从 1991 年开始，日本通商产业省 1991~2002 年先后实施了数个有关纳米科技的大型 10 年研究计划，包括"原子技术研究计划"、"量子功能器件研究计划"和"原子分子极限操纵研究计划"，年投入约 250 亿日元。

---

* 目前国际国内没有严格的"使能技术"相关定义。一般而言，使能技术是指一项或一系列的、应用面广、具有多学科特性的关键技术。这些关键技术能被广泛应用在各种产业上，对现有科技具有较大的提升，并且在政治和经济上产生深远的影响。

日本对纳米科技的中期投入：2000 年 9 月，日本科学技术政策的最高决策机构——科学技术政策委员会（CSTP）成立"纳米科技促进战略研讨组"，主要负责研究和制订今后日本纳米科技发展的目标和研究重点，以及实施产、官、学联合攻关的具体方针政策。2001 年 9 月，日本综合科学技术会议组织制定了"纳米领域推进战略"，该战略将纳米技术视为生物、信息通信、环境等广泛领域的基础技术。2002 年 12 月，日本政府推出"产业发掘战略"，纳米技术与材料被视为"技术创新的四大领域"之一。2006 年 4 月，开始实施的第 3 期科技基本计划继续将纳米技术和材料作为"四大重点推进领域"之一，并针对该领域制定了相应的推进战略。日本政府这一系列促进纳米技术研究开发与产业化的重大举措，推进了纳米科技的产业化发展。文部科学省（MEXT）和经济产业省（MET）是日本开展纳米科技研发的两大主要部门，前者占了 2002 年纳米科技研发预算的 56%，后者所占研发经费也达到 42%。2007 年，文部科学省纳米技术与材料领域研究开发计划项目预算为 335 亿日元，经济产业省预算为 167 亿日元，后续投入拟增加。

日本对纳米科技的当前投入：日本内阁会议于 2016 年 1 月审议通过了《第五期科学技术基本计划》，计划未来 10 年将大力推进和实施科技创新，并在未来 5 年确保研发投资的规模，力求政府与民间投入的研发支出占 GDP 比例的 4% 以上，其中政府投入占 GDP 的比例达到 1%（按 GDP 名义增长率年均 3.3% 计算，日本政府 5 年研发投资总额约为 26 万亿日元）。5 月，日本内阁发布了《科学技术创新综合战略 2016》，在深化推进"社会 5.0"政策措施方面，拟推动网络安全、物联网系统构建、大数据解析、人工智能等共性技术研发，围绕机器人、传感器、生物技术、纳米科技和材料等创造新价值的核心优势技术，设定富有挑战的中长期发展目标并为之努力，从而提升日本的国际竞争力。2016 年初，日本科学技术振兴机构（JST）发布了 2015 年日本纳米科技和材料研发概要和分析报告。报告显示，日本在环境与能源领域，从基础研究到商业化应用，均处于全球领先地位；健康与医疗保健和基础科技领域，基础研究水平很高，但在应用方面显得竞争力不足（生物成像除外）；社会基础建设和信息、通讯和电子产品领域，研发和应用却落后于欧美。日本政府和整个工业界已经在纳米科技的研发与应用上投入了大量财力和物力，并计划在《第五期科学技术基本计划（2016~2020 年）》中进一步发展纳米科技，以提高其在国际上的地位。

韩国对纳米科技的投入：20 世纪末韩国就开始纳米科技的研发，虽然那时候政府还没建立国家纳米科技计划，但有关纳米科技产业发展却出现在研发计划内，比如 1993~2000 年实施的纳米材料安全计划，1998 年实施的微观纳米研究计划，2000 年实施的国家研究实验室计划和后来的 21 世纪前沿研究与发展计划等。在 21 世纪前沿研究和发展计划中，纳米材料计划被列为重点研究对象，开发前沿技术以稳固韩国在纳米科技领域的领先地位是该计划的目标。韩国政府计划在电子信息、生物科学和纳米材料方面投入 38 亿美元，支持 30 多项计划；纳米材料计划是 30 项计划的一部分，组织实施的负责部门是韩国商业工业和能源部。为了促进研究院所、高校和企业联合开发纳米新材料，该计划分成 3 个阶段来进行，研发、合成和组装纳米新材料，投入资金 69.48 亿韩元，共有 9 个项目，计划管理项目便是其中之一，其他 8 个项目的研究重点都是开发纳米材料。韩国的高新技术产业发达，研究高技术的大企业占到了 GDP 密度的 15%，研发占了 4%。韩国又启动了新的纳米电子研发计划，对旧设备进行更新换代。2014 年 3 月，韩国根据国内外纳米科技发展态势和国家科技政策推进方向，发布了《第二期国家纳米科技路线图（2014~2025 年）》。该纳米科技路线图主要由 3 个部分构成，分别是对纳米科技的未来展望与重点产业选择、核心技术开发方向和投资战略。

2.1.4 金砖五国

近年来，金砖国家（包括中国、俄罗斯、巴西、印度、南非）合作日益深化，已形成以领导人会晤为引领、以各相关部门和领域的高层会议等为辅助的多领域、多层次合作机制。

在第 2 届部长级会议（2015 年 3 月）上，金砖五国签署了《金砖国家政府间科技创新合作谅解备忘录》，确定了新能源可再生能源与能效、自然灾害管理水资源和污染治理、地理空间技术及其应用、天文学高性能计算和纳米科技等 19 个优先合作领域。第 3 届金砖国家科技创新部长级会议（2015 年 10 月）发表了莫斯科宣言，进一步将专题领域扩大到 10 个，新增巴西与俄罗斯牵头的生物技术与生物医药，包括人类健康与神经科学；中国与南非牵头的信息技术与高性能计算；巴西与俄罗斯牵头的海洋与极地科学技术；印度与俄罗斯牵头的材料科学，包括纳米科技；印度与俄罗斯牵头的光电学。

为进一步推动金砖国家间科技创新合作，金砖五国于 2016 年成立了科技创新资金资助方工作组，签署了金砖国家科技创新框架计划与实施方案，决定在该框架下联合征集多边研发项目。该倡议旨在支持与促进来自至少 3 个国家的合作伙伴的合作。对于金砖五国支持的专项领域详见表 2-1：

表 2-1　金砖国家科技创新框架计划分布

| 专题领域 | 巴西 | 俄罗斯 | | | 印度 | 中国 | | 南非 | |
	CNPq	FASIE	MON	RFBR	DST	MOST	NSFC	DST	NRF
1	自然灾害管理	▲	▲	▲	▲	▲	▲			▲
2	水资源和污染治理	▲	▲	▲	▲			▲		▲

（继表）

	专题领域	巴西	俄罗斯			印度	中国		南非	
		CNPq	FASIE	MON	RFBR	DST	MOST	NSFC	DST	NRF
3	地理空间技术及其应用	▲	▲	▲	▲	▲	▲			▲
4	新能源、可再生能源及能效		▲	▲	▲	▲	▲			▲
5	天文学		▲	▲	▲	▲		▲		▲
6	生物技术与生物医药，包括人类健康与神经科学	▲	▲	▲	▲	▲		▲		▲
7	信息技术与高性能计算	▲	▲	▲	▲	▲	▲			▲
8	海洋及极地科学技术	▲	▲	▲	▲	▲		▲		▲
9	材料科学，包括纳米科技	▲	▲	▲	▲	▲		▲		▲
10	光电学	▲	▲	▲	▲	▲	▲			▲

俄罗斯：2001 年，俄罗斯政府制订了"2002～2006 年俄罗斯科技优先发展方向"专项计划，首次将纳米科技列入其中。2002 年又出台了"2010 年前和未来俄罗斯科技领域的基本发展政策"，该计划确定了俄未来科技发展的 9 个优先发展领域和国家关键技术，其中纳米科技被列入优先发展领域。2007 年成立的俄罗斯纳米技术公司，专门负责制定并实施俄纳米科技领域的国家政策，并推动纳米科技成果产业化。2012 年 12 月 27 日，俄罗斯启动了国内首个纳米中心——喀山纳米技术中心。2014 年 7 月 25 日，俄罗斯纳米集团（RUSNANO）公司在莫斯科外的杜布纳新成立了纳米技术中心。根据国际分析机构的估计，俄罗斯最近在纳米科技领域已实现了一次飞跃。这次成立的纳米技术中心是俄罗斯在全国范围内正在发展网络中的第 8 个技术枢纽，将作为"产生初创公司的基地"。2015 年 12 月 2 日，有关专家在法国巴黎举行的世界气候大会中发表声明：俄罗斯计划使用新型纳米技术应对全球气候变暖问题。

巴西：巴西政府早在 2005 年，就推出了国家纳米科技计划。2005 年 8 月 19 日，巴西总统卢拉在位于圣保罗州的国家同步加速光实验室宣布：实施国家纳米科技发展计划。2005～2006 年，巴西科技部为国家纳米科技发展计划投资了 3 000 万美元，并建立大型纳米科技实验室，增加对青年研究人员开发项目的资助。2012 年，巴西国家科技委员会通过的《国际科技创新战略规划 2012～2015 年》，将纳米科技列为科技创新优先领域。2013 年，巴西科技与创新部提出新的纳米科技创新计划（IBN）。2013～2014 年，巴西共计投入 4.4 亿雷亚尔资金用于纳米科技研发与创新。

　　印度：印度纳米科技研发活动覆盖面很广，包括：微机电系统、纳米结构合成与表征、DNA 芯片、量子计算电子学、碳纳米管、纳米粒子、纳米复合材料以及纳米技术在生物医学中的应用等。印度政府通过科学技术部大力支持国家纳米科技计划，这项计划在 3 年内获得了 1 000 万美元的资助。印度也制订了纳米材料科技计划和国家智能材料计划，后者将在 5 年内获得 1 500 万美元的资助。印度国防部正在安排有关纳米结构磁性材料、薄膜、磁性传感器的研究。印度重要研发机构——科学与工业研究理事会拥有大量与纳米科技相关专利，包括新型给药系统、纳米级化学产品的生产和纳米级碳化钛的高温合成等。在产业领域，印度的纳米生物技术公司正在进行能实现疾病诊断和治疗的多用途纳米技术的研究。2008 年 1 月 11 日，印度政府召集由学术界、工业和研究领域的研究人员构成的核心小组，着手制定国家纳米科技发展政策。印度在 5 年纳米科技倡议中已经建立了若干纳米科技计划，并投资 2.5 亿美元计划建立 3 个国家级纳米科学研究所。印度还发起了一项重点研究微型和智能系统国家计划，以及由国营研究机构监管的关于纳米科学的网络计划。

2.1.5　其他国家

　　国际上其他不少国家对纳米科技领域都制定国家战略规划并大力投资研究，其中，由中国政府倡导的"一带一路"沿线相关国家，更是以"数字经济、人工智能、纳米科技、量子计算机"等前沿为合作领域。以新加坡为例，新加坡政府将信息通信、生物制药以及微电子列为最重要的发展领域。目前，在新加坡领先产业中（如电子、生物医药、化学品制造业以及精密工程领域等）对纳米技术的研究和应用在稳定增加。新加坡各研究机构、学校、企业、实验室都投入到世界领先的纳米科技研发中。从公共研究机构（科学技术研究局等）到大学实验室（如新加坡国立大学、南洋理工大学），再到 20 多家企业纳米科技研发中心的研究规模来看，新加坡在纳米科技领域的投入相当大。2016 年 1 月 8 日，新加坡政府发表声明，将在 2016~2020 年之间提供 190 亿新加坡元（相当于 131 亿美元）用于研究与开发。这项名为"研究－创新企业计划 2020 版"（RIE2020）的预算相比之前的 5 年，经费提高了 18%。在这份预算中，最大的部分（21%）将用于生物医学与健康方面的研究，主要用于解决目前新加坡的一大社会压力——人口老龄化问题。这一预算的另外一项用途是：提高新加坡的制造业水平，从而向中国与印度看齐。其中重点在支持太空探索、电力、化学工程、医药以及海洋探测等方面。新加坡现在的科技规划没有将纳米科技作为单项列出，而是融合在其他交叉科技领域之中了。

　　总体来说，全球纳米技术的发展趋势呈现几个特点：注重从基础研究到应用研究、商业化推广和对公众的普及；注重研发平台建设和关键设备开发，由单一学科向多学科交叉发展；注重纳米科技国际化发展和可持续发展，以纳米材料研究为基础向新材料、环境、能源、器件和健康等应用方面发展。

2.2　我国纳米科技发展布局

我国是纳米科技研究较早的国家之一，在纳米科技发展初期，我国科学家就开始关注这方面的研究。20世纪50年代，钱学森就在理论上试图将微观世界与宏观世界联系起来，成为我国纳米科学的理论先驱者之一。1990年开始，我国聚焦于"纳米科技的发展与对策"、"纳米材料学"、"扫描探针显微学"等专题，召开了数十次全国性会议，这些会议的举办，为我国纳米科技的发展起到了积极地推动作用。我国政府有关科技管理部门也较早认识到纳米科技的重要性，并积极地推动发展，同时财政予以大力支持。

2.2.1　国家层面

我国政府在纳米科技领域的布局最早可以追溯到20世纪80年代，中科院启动了一系列重大科研计划，在纳米材料的基础研究上取得了一批原创性的成果，并在实用纳米技术方面获得了一批拥有自主知识产权的成果，部分成果接近产业化前期水平。作为对国家发展和科学技术进步具有全局性和带动性的基础研究发展计划，国家重点基础研究发展计划（973计划）在开始的第二年（1999年），就以"纳米材料与纳米结构"为主题，资助了由中科院固体物理所张立德研究员和中科院物理所解思深研究员牵头的研究项目。可以说我国在纳米科技领域从起步阶段开始，就紧紧地跟上了国际领先研究的步伐。

2001年，科技部会同有关部委成立了"全国纳米科技指导协调委员会"，同年7月下发了《国家纳米科技发展纲要》规划，布局了我国纳米科技研究平台建设与发展和以企业为主体的产业化基地建设，以促进基础研究、应用研究和产业化的协同发展。2006年初，国务院制订的《国家中长期科学和技术发展规划纲要》将纳米科技列入了这段时期内基础科学研究的4个主要方向之一，将纳米材料和纳米器件作为发展先进材料的重点目标，认为纳米科技是我国"有望实现跨越式发展的领域之一"。在《发展纲要》的指导下，我国在纳米材料可控制备、纳米表征与标准、纳米器件、纳米催化技术等主流方向上进行了系统布局。同时，各部委对制订的研究计划给予持续经费支持。2011年1月，召开了国家纳米科技指导协调委员会工作会议，提出将我国纳米科技的发展阶段定性为：从"纳米科技大国"向"纳米科技强国"转变的关键历史时期，这标志着我国纳米科技发展进入了新时期。《纳米研究国家重大科学研究计划"十二·五"专项规划》经过"十一·五"期间的发展，已经成为我国纳米科技发展的旗舰计划。在2016年发布的《"十三·五"国家科技创新规划》中，再次将"纳米材料和器件"列为需重点发展的新材料技术之一。

立项个数与经费年度统计图

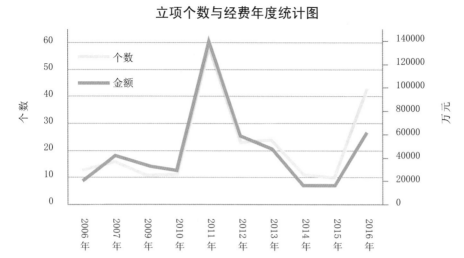

图 2-1 纳米研究国家重大科学研究计划专项各年度资助情况

科技部：在"十一·五"和"十二·五"期间，设立了纳米研究国家重大科学研究计划专项，对纳米科技的发展起到了重要的支撑作用。2016 年启动的重点研发计划中，"纳米科技"重点专项依然是"十三·五"期间，国家优先启动的 5 个基础研究领域的重点专项之一。

从"十一·五"开始，科技部设立了纳米研究国家重大科学研究计划专项，2006~2016 年（除 2008 年没有立项）10 年间，纳米研究重大科学研究计划共立项221 项（其中 2016 年立项的 20 项是 2 年以后评估择优），经费支持共 46.93 亿元（择优评估的 20 项没累计）。

根据立项年度分析，每个 5 年计划第一年资助最多，其中"十二·五"首年2011 年资助了 59 项，累计经费 14.11 亿元，"十三·五"首年 2016 年资助了 43 项（含

平均额度

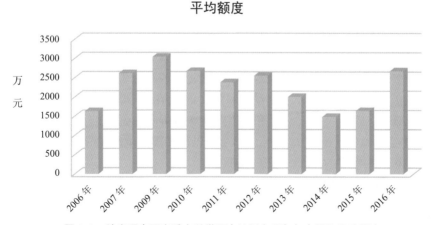

图 2-2 纳米研究国家重大科学研究计划专项各年度平均资助额度

按地域划分

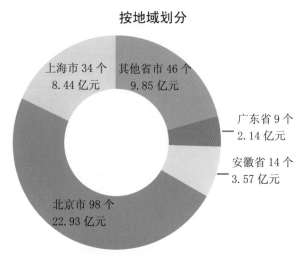

图 2-3　纳米研究国家重大科学研究计划专项各地区获得资助数量与金额

20 项择优评估），累计经费 6.17 亿元（不含 20 项择优评估经费）。

根据资助额度分析，10 年平均资助额度 2 334.72 万元 / 项目。

根据资助地域分析，10 年间，北京获得资助的项目数量和经费遥遥领先全国各省市，总经费为 22.93 亿元，占总资助经费的 48.86%；项目个数 98 项，占总资助个数 48.76%（不含 20 项择优评估经费）。上海以 34 个项目，8.44 亿元资助额度位列第二，但也只是北京的 1/3。安徽省以 14 个项目，3.57 亿元资助位列第三名。

这些项目的实施，全面提高了我国在纳米科技领域整体研究水平，推动了纳米科技的应用与产业的发展，促进了人才的培养与团队的建设。

国家自然科学基金委：2002~2011 年期间，设立了"纳米科技基础研究重大研究计划"，包括"纳米制造的基础研究"计划，同时布局了一批重点项目、面上项目、仪器项目等，对纳米科技研究予以了专项资助。资助涉及到的业务部门主要是：数理学部、化学部、工程材料学部、信息学部、生命科学部等，其中，化学部和工程材料学部先后以 3 个重大研究计划的形式资助了纳米科学自由探索的研究，并设立了首个二维原子晶体重大项目；在基金委设立的创新群体项目中，资助了 30 多个以纳米材料、纳米器件、纳米光学或纳米生物效应的研究团队。在"十三·五"发展规划中制订了包括纳米科技在内的 18 个学科未来 5 年的发展战略，规划到 2020 年，在保持论文总量和被引用次数世界第一的基础上，争取在纳米科技领域有 1~2 个原创性的重大突破，形成 2 个以上在国际上起主导作用的学科高地，有 10 人左右进入世界前 1% 科学家行列。

教育部：通过 985 工程和 211 工程，资助了部属高校等一批研究型大学的纳米科技基础设施建设，如北京大学、清华大学、中国科技大学、南京大学、上海交通大学、复旦大学、浙江大学、中山大学、西安交通大学、武汉大学、苏州大学等,通过资助大大充实了有关高校在纳米材料合成与表征、纳米环境与能源技术、纳米生物与医药技术、新型纳米器件研制、纳米制造技术等领域研究的基本条件,培养出一大批纳米科学与技术研究的优秀人才。

中国科学院:通过知识创新工程、仪器项目、百人计划,高强度资助了一批具有优势的研究所和研究团队,纳米科技在国家纳米科学中心,中科院物理所、化学所、理化所、半导体所、微电子所;上海硅酸盐所、微系统所、应用物理所、技术物理所、药物所、有机所、高等研究院、上海科技大学;合肥物质研究院、沈阳金属所、大连化物所、兰州化物所、福建物构所、苏州纳米所、宁波材料所等研究院所开展了前瞻性、应用性等多方面的研究,取得了一批对纳米科技发展具有重要影响的标志性成果。2013 年 7 月,中科院又启动了以纳米产业制造技术为背景的战略性先导科技专项,期望在纳米绿色印刷、纳米动力锂电池、纳米医药、纳米催化以及能源与环境相关的纳米技术等方面取得重要应用突破,为进一步推动纳米技术的产业化应用奠定基础。

2.2.2 地方与社会层面

在国家的大布局下,我国纳米科技发展呈现出欣欣向荣的局面,标志性的代表省市主要有:

北京市:根据国家发布的中长期科学和技术发展规划,北京市政府于 2008 年发布了《北京市中长期科学和技术发展规划纲要(2008~2020 年)》,规划设立了"高性能材料"专项,重点加强纳米材料等新材料领域关键技术攻关。在 2015 年底制订的《〈中国制造 2025〉北京行动纲要》中,又将纳米材料列为创新前沿产品优先布局领域。据统计,北京市科委每年投入 3 000 万元以上发展纳米科技。北京拥有纳米科技相关领域国家级重点实验室、工程中心超过 10 家,省部级重点实验室、工程中心超过 20 家,已形成比较完善的研究体系和软硬件条件,为北京纳米科技产业集群建设和发展提供了良好的研发创新环境。北京市每年有大批与纳米科技相关的项目立项和实施。其中,北京市科委还设立了纳米科技产业园建设科技专项,2012 年投入专项资金 3 000 万元,2013 年投入专项资金 5 000 万元,同时还利用市统筹资金支持纳米科技成果转化,近几年累计支持资金额度达 3.8 亿元。北京市今后还将根据纳米科技产业的发展趋势以及北京的地域特点,进行滚动支持,为园区的技术攻关和成果产业化提供稳定支持。在纳米科技开发的装备资源方面,北京拥有国内最多数量的高端设备,同时北京还具有纳米科技研发所需装备的开发能力,在扫描电子显微镜、透射电子显微镜、扫描探针显微镜、金属有机化合物化学气相沉淀(MOCVD)、磁控溅射仪、紫外光刻机等纳米加工检测装备方面具有开发优势,并具备了一定的产业化能力。在创新载体方面,2012 年 4 月 21 日,在怀柔区建立了纳米科技产业园,致力于纳米科技在能源、环境、电子与生物医药四大领域的应用，未来将建设成为集纳米科技领域技术研发、成果孵化、生产制造、商务服务于一体的生态产业集群和国内领先的高端纳米产业基地。在纳米科技产业园中，建立了纳米科技企业的孵化器，为纳米科技成果转化提供了空间载体。

广东省：广东省作为全国经济大省，尤其是珠江三角洲作为全球经济发展最活跃、最具发展潜力和最易接受新技术、新思想的地区，大力布局纳米科技发展，注重纳米技术在传统产业中的应用，为产业结构的调整和优化作支撑，要将纳米科技视作今后科技发展的最主要任务之一。在"十一·五"和"十二·五"期间，广东省持续支持纳米科技的发展。2015 年 7 月，广东省制订了《广东省智能制造发展规划（2015 ～ 2025 年）》，提出重点发展与智能制造相关的功能材料、纳米材料等，推进关键基础材料升级换代。以深圳为代表的新型城市，在"十三·五"期间，每年将投入 2 亿元的专项资金来发展纳米科技。

浙江省：浙江省是全国纳米材料产业化最早的省份。2000 年，组织制订了《加快纳米材料应用与产业发展的实施意见》，从 2001 年起，由其省财政每年投入 1 000 万元建立了省纳米材料应用与产业发展资金。2006 年制订的《浙江省"十一·五"纳米与新材料发展规划》，提出了要做好纳米新材料技术的研究、推广应用工作，推进纳米应用研究和产业化进程，使纳米材料成为浙江省新材料产业发展的重点之一。2011 年和 2016 年，浙江省又分别制订了《浙江省科学技术"十二·五"发展规划》和《浙江省"十三·五"科技创新规划》，在规划中都将纳米材料视作发展新材料的重要技术基础，列为重点发展领域之一。在纳米科技研发方面，浙江省以浙江大学取得的成果最多，承担了国家和省级大部分科研项目，在金属、无机材料等纳米材料制备技术、表征技术、碳纳米管、纳米涂膜和纳米复合材料的研发已达到国内领先水平，部分已达到国际先进水平。在纳米技术应用产业方面，目前，从事纳米电子、纳米生物与纳米材料应用等领域的企业已有 100 多家。

江苏省：2002 年，江苏省发布了《江苏"十·五"纳米产业发展规划》，报告指出"为增强江苏省企业的国际科技竞争力和经济的可持续发展能力，实现由经济大省向经济强省的转变，'十·五'期间，江苏省把纳米科技的研发与产业化作为以高新技术带动经济发展的突破口之一"；并在"十一·五"和"十二·五"期间，通过重大科技基础设施建设，继续支持纳米科技的发展。2016 年 11 月，江苏省发布了《江苏省"十三·五"战略性新兴产业发展规划》，再次将纳米材料列为重点发展的前沿新材料技术。

苏州工业园区：该园区是我国第一个将纳米技术应用产业作为区域战略性新兴产业的区域。苏州市针对纳米产业在内的科技产业集群颁布了一系列的政府补贴政策，包括市科技计划《苏州市市级工业产业转型升级专项资金》、《技术改造项目专项资金》、《民营经济（中小企业）发展专项资金》、《市科学技术奖励》

和《企业技术中心》等。其中,《苏州工业园区关于进一步推进纳米技术创新与产业化发展的若干意见(试行)(苏园管(2011)31号)》中,专门针对纳米企业进行了定向补贴和支持。2015年,江苏省、苏州市和苏州工业园区共建了江苏省纳米技术产业创新中心,按照江苏省"一区一战略产业"思路,打造了一个纳米产业创新示范平台。这一平台加大了园区乃至全江苏省纳米资源统筹规划能力,通过整合相关产业资源,使布局覆盖了全省的纳米公共服务平台体系,并细分了领域内的若干具有"引领性和原创性"的新型特色研究所;同时,设立专业投资基金引导社会资本进入,以解决资源配置"碎片化"和社会资源"参与不足"的问题。该中心正在绘制国内首张"中国纳米资源地图",地图将"链接"国内所有与纳米有关的科研院所、高校实验室和相关企业等,希望有需求的企业能够方便地寻找上下游资源。目前,苏州工业园区已成为我国纳米技术产业资源集聚度最高的区域之一,产业创新实力获得国内外同行的广泛认可。

上海市:从2001年布局纳米科技的发展开始,市科委每年投入数千万元的纳米科技专项资金。经过多年投入,上海已拥有纳米科技良好的发展环境,积累了大量的基础与应用研究成果,具备了取得创新性成果的研究基础,并在纳米科技发展的一些领域已经达到国内领先、国际前沿水平。纳米技术在新材料、电子信息、环境、新能源与生物医药等领域的应用均取得了重要的标志性成果,培养了一批具有国际影响力的专家和学者。近20所高校和科研院所在纳米科技领域具备较强的研发实力,拥有比较先进的实验室和研究机构,专业分布面比较宽;同时,拥有数十家从事纳米技术的应用研究、工程化研究和产业化的企业。在2016年获批的国家重点研发计划纳米科技重点专项中,上海地区获得了11项资助,占全部项目的25.6%;承担项目的首席科学家,绝大多数都曾承担过上海市纳米科技专项,这也从一个侧面反映了上海纳米科技发展与布局的成效。

从上述5个省市的情况来看,我国国内各个地方政府对纳米科技的布局大都始于21世纪初期,各个地方纳米科技的发展规划基本上都是依据《国家纳米科技发展纲要》这一指导性纲领,同时结合各地的实际情况来制订。除了上述5个省市外,山东省、天津市、安徽省、湖北省等省市也都纷纷出台了发展纳米科技的政策和计划(规划、纲要),采取种种措施大力支持纳米科技的发展。

2.2.3 发展现状分析

(1)纳米科技研发方面

自20世纪80年代以来,特别是进入新世纪,我国政府高度重视纳米科技的发展,专门制订了《国家纳米科技发展纲要》。在纲要的指导下,在各级政府布局的专项基金的资助下,经过10多年的发展,我国在纳米科技领域拥有了一批在国际上具有影响力的领军人才、研究团队和研究平台,在多个领域具有国际话语权；具有自主知识产权的研究成果源源不断的产出。从发展初期的基础研究，拓展到纳米技术在能源、环境、健康、标准、国防等国家重大需求领域上的应用，标志着我国纳米科技研究水平已进入国际研发的第一层次。

我国在纳米科技研究领域中，从最初的纳米材料的制备与应用、表征与检测技术等传统开发优势，发展到现在具备的全面开展研究纳米科技的能力，包括科技前沿技术、纳米材料结构与形貌和表界面技术、纳米能源与环境技术、纳米光电器件与传感器、纳米尺度检测技术与标准、纳米生物医药与诊疗和纳米应用技术，直至走向产业化的过程，实现了纳米科技产学研的基本目标。

科技论文方面：我国纳米科技领域的论文数量从 2006 年的 8 600 多篇，迅速增加到 2016 年的 4.6 万多篇，论文数不仅跃居世界第一，而且是排名第二美国的两倍多（图 2 - 4）。从论文的总引用数上来看，由于中国发表论文的总数处于领先（图 2 - 5），我国发表论文的总引用数排名也逐年上升（图 2 - 6）。从 2012 年起，我国论文的总引用数已跃居世界第一，可以说我国已成为一个不容忽视的纳米科技大国。

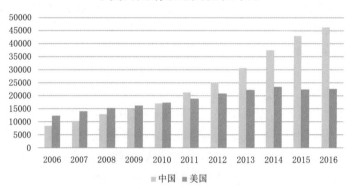

图 2-4　中美两国在纳米论文方面发表对比

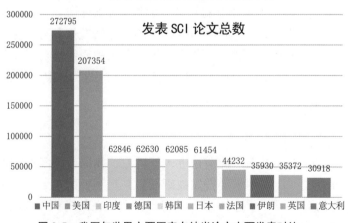

图 2-5　我国与世界主要国家在纳米论文方面发表对比

总论文引用数

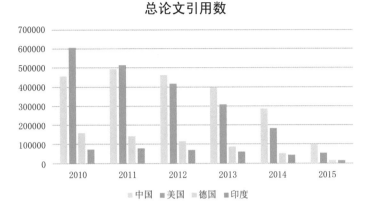

图 2-6 中美德印四国在发表纳米论文方面引用数对比

美国专利与商标局授权专利统计表

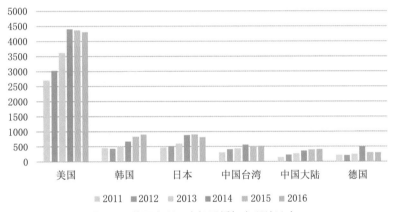

图 2-7 美国专利及商标局授权专利统计表

专利方面：根据美国专利与商标局的数据（图 2-7），中国大陆每年的授权专利都在不断递增，但与美国相比，我们的差距还十分巨大，与亚洲的邻居日本和韩国相比，也存在不小的差距，甚至和中国台湾地区相比也稍有落后。可见我国虽然在基础科学领域已成为纳米科学的领跑成员，但在基础研究成果转化方面还需要更进一步的努力。

人才方面：我国目前已成为国际纳米科技研究领域的第一梯队成员，至少有几千个研究团队在专门从事纳米科技方面的研究，已取得许多突破性研究成果，获得了很多奖励。2016 年公布的"国际纳米全球高引用学者"的名录中，中国大陆科学家就占其中的 1/5。在 2007～2016 年，获得国家自然科学奖的项目中，纳米科技领域成果占到了 1/6。近年来，从事纳米科技研究的科学家有 50 多位当选了中科院院士，一大批青年科学家入选了长江学者特聘教授、杰出青年科学基金等各类人才计划。

我国纳米科技经过 10 多年的发展，现已成为国际上重要的研究力量，取得的成果涵盖纳米科技前沿到纳米技术的应用，部分成果已经开始产业化，成为当地新兴产业重要技术来源之一，成为传统产业改造和升级的重要技术来源之一。目前，国内已建立了多个以纳米科技研究为主要研究方向的国家级和省级研究机构，在多数研究型大学中有从事纳米科技研究的团队，数十个中科院研究所有专门研究纳米科技的课题团队，我国纳米科技发展正处于蒸蒸日上的发展阶段，部分研究内容已处于世界领先地位。

（2）在平台与园区建设方面

①在国家层面中：建立了以纳米科技为发展宗旨的研究机构，如国家纳米科学中心（北京）、纳米技术及应用国家工程研究中心（上海）、国家纳米技术产业化基地（天津）、国家纳米药物工程技术研究中心（武汉）等。

同时，中科院与地方政府合作建立了苏州纳米技术与纳米仿生研究所、中科院宁波材料研究所和北京纳米能源与系统研究所等以纳米科技为主要研究方向的研究所。

目前，中科院开展纳米技术研究的主要院所有：中科院化学研究所、中科院物理研究所、中科院理化技术研究所、中科院生态环境研究中心、中科院半导体研究所、中科院微电子研究所，中科院上海硅酸盐研究所、中科院上海微系统与信息技术研究所、中科院上海应用物理研究所、中科院上海技术物理研究所、中科院上海有机化学研究所、中科院上海药物研究所、中科院上海高等研究院、上海科技大学，以及中科院长春应用化学研究所、中科院大连化学物理研究所、中科院兰州化学物理研究所、中科院合肥物质研究院、中科院福建物质结构研究所等都开展了与纳米科技相关的研究，取得了一批重要研究成果。

②国家实验室及国家重点实验室系列中：一大批实验室都将纳米科技研究作为重要的研究方向之一，例如：以沈阳材料科学国家实验室、北京分子科学国家实验室（筹）、固体微结构国家实验室（筹）、凝聚态物理国家实验室（筹）、微尺度物质科学国家实验室（筹）等为代表的一批国家实验室；以人工微结构和介观物理国家重点实验室、光电材料与技术国家重点实验室、复合材料国家重点实验室、摩擦与润滑国家重点实验室等为代表的国家重点实验室。这些国家与国家重点实验室对我国纳米科技发展方面作出了重要贡献，并取得了一批重要研究成果。

③高等院校中：北京大学纳米科学与技术中心是高校最早成立的校级纳米技术交叉学科中心（1997 年），清华大学建立了富士康纳米科技研究中心，上海交通大学建立了微纳技术研究院，浙江大学与美国加州共建了加州国际纳米技术研究院，南京理工大学成立了以纳米晶体材料研制先驱者德国学者 Herbert Gleiter 教授命名的纳米材料研究所，上海大学成立了独立的纳米科学与技术研究中心。

此外，一些高校还相继建立了具有特色地区性或行业性的纳米研究中心。据不完全统计，拥有校级纳米科技研究中心或研究所的高校已超过 100 所，成为我国纳米科学技术研发的重要平台体系，这些平台经过多年发展，逐步在纳米科技领域形成自主的技术优势和研究特色。

④地域发展中：经过 10 多年的发展，基本形成了南方和北方的辐射圈，每一个辐射圈都有自己独特的特征，都以开展纳米材料与技术的研究、探索和应用开发为中心。

北方辐射圈：以首都北京为中心，主要涵盖了国家纳米科学中心、中科院化学所、中科院物理所、中科院理化所、中科院半导体所、中科院微电子所、中科院金属所、中科院大连化物所，北京建材科研院、北京钢铁研究总院、北京大学、清华大学、北京科技大学、北京化工大学、北京理工大学，天津大学、南开大学、吉林大学等研发机构。

南方辐射圈：以上海为中心，主要涵盖了上海交通大学、复旦大学、同济大学、华东师范大学、华东理工大学、东华大学、上海大学、上海师范大学、上海科技大学、上海应用技术大学，浙江大学、东南大学、南京大学、苏州大学，纳米技术及应用国家工程研究中心、中科院上海微系统所、中科院上海硅酸盐所、中科院上海应用物理所、中科院上海技术物理所、中科院上海有机化学研究所、中科院上海药物所、中科院上海高研院，中科院苏州纳米所、中科院宁波材料所等高校和研发机构。

⑤产业园区：为了打造新型产业，一些地方政府都将纳米科技视作形成新型产业发展的基础，并积极规划整合资源建立纳米科技产业园区。其中，代表性的主要有：

苏州工业园区：建立的纳米科技产业园最具代表性，先后获得国家纳米技术国际创新园、苏州纳米技术国家大学科技园、苏州国家纳米高新技术产业化基地等 8 个国家级称号。截至 2016 年 11 月，园区以纳米技术应用为主业的企业数、就业人数与总产值分别达到 407 家、2.75 万人与 358 亿元，其中，超过 10 亿元的企业达到 6 家、亿元企业达到 50 家、千万元企业达到 77 家，千万元以下企业有 270 多家，形成了以纳米技术应用与产业的集聚效应，成为高新技术产业，为当地 GDP 的增量作出了重要贡献。

北京纳米科技产业园：2012 年，北京市科委与怀柔区合作建立了纳米科技产业园，该园区主要主要特点是：涵盖纳米科技领域的共性技术研发、科技成果孵化、成果落地转化、产业化支撑服务等功能，目标就是建设成为世界知名的纳米科技创新中心和成果孵化基地，成为国内领先的高端纳米产业发展基地。该园区目前集聚了北京地区从事纳米科技的主要研究院所，布局了纳米技术应用在能源、电子、环境、生物医药等四大领域，同时也希望形成包括纳米材料、纳米加工、纳米器件等相关内容的产业链，预计通过发展布局实现产值 120 亿元的规模。为了使园区能尽快出成果，北京市加大了对纳米科技研发的投入，先后启动了研发、中试、产业化、示范应用、平台建设等项目近 50 项，累计投入科技经费过亿元，取得了碳纳米管薄膜材料等多项重大成果，开发的纳米材料绿色制版、纳米电池隔膜等成果已完成中试并着手产业化。

纳米科技健康发展与相关产业快速发展关系密切，纳米科技产业园区的建立有望成为纳米科技与相关产业之间的桥梁，苏州工业园区和北京怀柔区的纳米科技产业园，已成为助推纳米科技与产业发展、地区新型产业发展的典范。目前，全世界共有 8 个具有代表性的微纳制造产业区域，苏州工业园区便是其中之一。

2.2.4 总结

我国纳米科技在国家和地方政府的高度重视和支持下，经过多年的发展，取得了引人瞩目的成果。

政府纳米科技发展布局方面：国家层面，自 20 世纪 80 年代开始，已经开始支持纳米科技的研究，特别是自 2001 年开始，成立了纳米科技协调领导小组和专家组，制订了纳米科技发展规划，全面提高了对纳米科技的重视程度，科技部、自然基金委、教育部、中科院等部门均设立了相应的专项资金，布局了我国纳米科技的发展；地方层面，全国各主要省市均制订了各自的纳米科技发展规划，并设立了纳米科技专项资金，推动区域内纳米科技与产业的发展。

纳米科技基础研究方面：在中央与各地方政府的大力支持下，我国纳米科技基础研究发展迅猛，纳米科技领域发表的论文总数已处于世界领先，发表的论文总引用数排名也逐年上升，从 2012 年起，我国论文的总引用数已跃居世界第一。但是，如果考虑篇均引用数，我国的排名只是刚刚进入前 10 名，这说明我国虽已成为纳米科技研究领域的科技大国，但还不是该领域的科技强国。

纳米科技应用研究方面：我国每年在纳米科技国家发明专利申请数量方面递增迅速，但在申请 PCT 专利数量方面增速较慢。根据美国专利与商标局的数据揭示，中国大陆每年的授权专利都在递增，但与美国相比我们的差距还十分巨大，与亚洲的日本和韩国相比，也存在不小的差距，甚至和我国台湾地区相比也稍有落后。我国虽然在基础科学领域已成为国际纳米科技的领跑成员，但在纳米技术与应用方面还需要更进一步的努力。

纳米科技人才方面：我国政府实施了多项人才计划，如"千人计划"、"杰出青年科学基金"、"长江学者特聘教授"、"青年拔尖人才"、"万人计划"等；各部门和地方政府也出台了多项人才计划，如"百人计划"、省领军人才、科技明星等系列人才计划以及冠名的各类人才计划等。通过这些计划的实施，引进和培养了一批具有国际影响力的纳米科技领军人才。据有关文献报道，2006~2016 年，国家自然科学奖的 1/6 由纳米科技领域的成果所获得；同时，近年来当选为中科院院士的科学家中有 50 多位是从事纳米科技的研究。

纳米科技研究平台方面：有国家专门布局研究纳米科技的国家纳米科学中心、纳米技术及应用国家工程研究中心、国家纳米药物工程技术研究中心等国家级研究中心；有中科院专门布局的中科院苏州纳米技术与纳米仿生研究所、宁波材料研究所等数家从事纳米科技研究的研究所；同时，教育部、各地方政府与科研院所合作建立了有利于发展纳米科技的各种研究平台。据统计，目前，国内从事纳米科技研究的国家实验室、国家重点实验室、国家工程研究中心、国家工程技术中心以及教育部、中科院、地方政府建立的各类实验室、中心等已超过 100 家，形成了较大规模的研发体系。

纳米科技领域主要代表性成果方面：近两年来，中国科学技术大学谢毅院士制备了四原子厚的钴金属层和钴金属 / 氧化钴杂化层，能够将二氧化碳高效清洁转化为液体燃料；大连化物所包信和院士设计了一种双功能复合催化剂 $ZnCrO_x$/MSAPO，实现了合成气以 94% 超高选择性制低碳烯烃（C_2-C_4），对化工产业产生深远影响；复旦大学俞燕蕾教授突破了微流控系统简化的难题，采用新型液晶高分子光致形变材料，构筑出具有光响应特性的微管执行器，可通过微管光致形变产生的毛细作用力，实现对包括生物医药领域常用液体在内的各种复杂流体的全光操控，可令其蜿蜒而行，甚至爬坡；厦门大学郑南峰教授利用光化学法制备了一种负载量为 1.5% 的单原子 Pd_1/TiO_2 催化剂，为单原子催化剂的制备技术和特殊催化路径研究提供了新思路……经过这 10 多年的发展，我国在纳米科技领域取得的成果丰硕，如碳纳米管触摸屏、碳纳米管导电浆料、纳米抛光液、纳米传感器等产品在多个行业实现规模化生产或应用；石墨烯材料、疾病快速检测、组织工程修复材料、纳米化药物研发等都在不断推进；纳米材料与技术在环境、能源、催化和传统领域应用获得重大突破，为提高新兴产业和传统产业在市场上的竞争力作出了重要贡献。

第三章 上海纳米科技发展

3.1 政府重视与布局

上海市政府高度重视纳米科技在上海的发展，认为纳米科技对上海的科技发展、技术创新、新能源技术、新材料与环境、健康与诊疗、新兴产业和传统产业的发展都至关重要。2001 年，成立了上海市纳米科技与产业发展促进中心和上海市纳米科技与产业发展专家委员会，设立了纳米科技发展专项，全面布局纳米科技在上海的发展。在制订的《上海中长期科学与技术发展规划纲要（2006~2020 年）》和近期制订的《上海市科技创新"十三·五"规划》中，都对纳米科技发展进行了布局（图 3-1，图 3-2）。

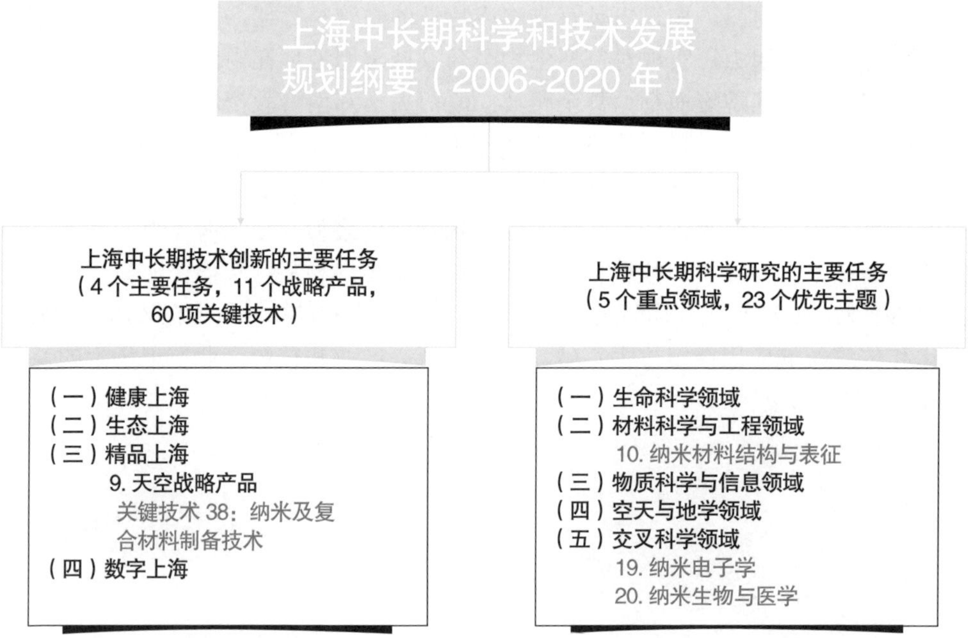

上海中长期科学和技术发展规划纲要（2006~2020 年）

上海中长期技术创新的主要任务 （4 个主要任务，11 个战略产品，60 项关键技术）	上海中长期科学研究的主要任务 （5 个重点领域，23 个优先主题）
（一）健康上海 （二）生态上海 （三）精品上海 　　9. 天空战略产品 　　关键技术 38：纳米及复合材料制备技术 （四）数字上海	（一）生命科学领域 （二）材料科学与工程领域 　　10. 纳米材料结构与表征 （三）物质科学与信息领域 （四）空天与地学领域 （五）交叉科学领域 　　19. 纳米电子学 　　20. 纳米生物与医学

图 3-1　上海中长期科学和技术发展规划纲要（2006~2020 年）中对纳米科技的部署

在当前在新一轮产业升级和科技革命大背景下，纳米科技发展必将成为未来高新技术产业发展的基石和先导。在上海加快建设具有全球影响力的科创中心的大趋势下，如何对纳米科技发展进行前瞻性、创新性、应用性的合理布局至关重要。纳米科技成果有望成为科技创新中心重要的技术支撑之一，助推科技创新中心的建设与发展，成为科技创新中心的重要组成部分。

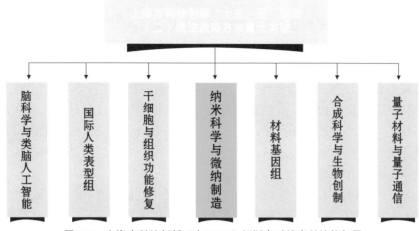

图 3-2　上海市科技创新"十三·五"规划中对纳米科技的部署

制定和完善科技发展政策：上海市为了推进科技的发展和科创中心的建设，制定和完善了现有的科技发展相关政策，详见图 3-3。从图 3-3 中可以看到，在知识产权、成果转化、财政投入、职称评聘、所得税以及科研体制、人才计划、创业发展等方面进行了政策制定和完善。这些政策给上海的科技与产业发展营造了既有利于研发，又有利于成果转化和创业的健康发展环境，也给上海未来纳米科技与产业发展营造了一个非常有利的健康发展环境。

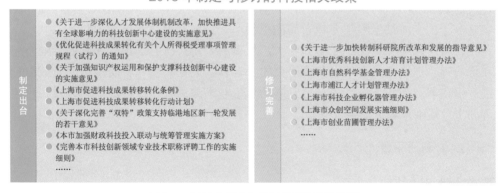

图 3-3　2016 年制定与修订的科技相关政策

建立科技服务热线：2016 年 1 月 1 日，上海科技服务热线正式开通对外服务，服务热线整合了市科委原各职能部门 72 门各种热线服务电话，实现一号对外，集中接听，形成市科委办事大厅、"上海科技"门户网站和上海科技服务热线"三位一体"科技政务服务窗口。服务内容涵盖了市科委职能范围内 19 家成员单位的科技政策、行政审批、项目申报和科技创新创业服务等 113 项业务事项，提供咨询、建议和投诉等公共服务。这些服务热线给纳米科技与产业的发展带来了较好的服务资源。

　　建立促进科技成果转化机制：2016 年 11 月 9 日，上海市第十四届人大常委会第 33 次会议初审《上海市促进科技成果转化条例（草案）》，2017 年 5 月，上海市人大常委会公布了《上海市促进科技成果转化条例》，市政府办公厅印发了《上海市促进科技成果转移转化行动方案（2017~2020 年）》。以上这些促进成果转化机制的政策出台，对当前高校和科研院所等单位在科技成果转化过程中可能遇到的问题给予了全面指导，其精神就是激励与成果关联的各类人员为上海的科技成果转化多作贡献；同时，这些激励政策也一定会促进纳米科技人员，加快成果转化进入市场的进程。

　　上海是一座国际化程度高、经济与产业发展处于较高水平、科技基础设施完备、人才资源丰富、区位优势明显的大都市。但是，在进入"十三·五"发展时期的初始，上海现有的优势逐渐变成了上海发展的压力，如何在新一轮科技与产业发展中使上海处于领先地位，政府层面的发展布局非常重要。近期，上海提出的"科创中心"和"4 个中心"建设，实施的科技创新和创新驱动发展战略，就是要确保上海未来在科技与产业方面继续走在全国前面、走在世界前列，为中国梦的实现，多作贡献。

3.2　发展环境与基础

　　上海在贯彻执行国家发展纳米科技纲要的指导下，全面规划了上海纳米科技发展的宏伟蓝图，对国家出台的有关纳米科技的各类项目积极组织力量申请。在实施多年的上海纳米科技专项布局的引领下，目前，上海从事纳米科技的队伍在高校、科研院所和企业不断得到壮大，从事纳米科技研究的项目团队的专业特色和优势逐步形成，从事纳米科技研究的平台和基地在高校和科研院所的发展得到进一步拓展，使得上海纳米科技发展的环境越来越诱人。这些成果的积累，也为进一步发展纳米科技奠定了基础。

3.2.1　科研平台

　　（1）国家级研究平台

　　国家级研究平台主要有：纳米技术及应用国家工程研究中心、上海同步辐射光源、超细粉末国家工程研究中心、药物制剂国家工程研究中心、微米／纳米加工技术国家级重点实验室、金属基复合材料国家重点实验室、金属有机化学国家重点实验室、聚合物分子工程国家重点实验室、应用表面物理国家重点实验室、精密光谱科学与技术国家重点实验室、信息功能材料国家重点实验室、纤维材料改性国家重点实验室、传感技术联合国家重点实验室／微系统技术重点实验室、高性能陶瓷和超微结构国家重点实验室和红外物理国家重点实验室等。其中，纳米技术及应用国家工程研究中心是政府在 21 世纪初布局国家发展纳米科技与产业方面专门设立的，是唯一一个从事纳米技术及应用研究的国家级工程研究中心。

（2）省部级研究平台

省部级研究平台主要有：纳光电集成与先进装备教育部工程研究中心、极化材料与器件教育部重点实验室、人工结构及量子调控教育部重点实验室、薄膜与微细技术教育部重点实验室、微纳光子结构教育部重点实验室、新型显示技术及应用集成教育部重点实验室、超细材料制备与应用教育部重点实验室、特种功能高分子材料及相关技术教育部重点实验室、结构可控先进功能材料及其制备教育部重点实验室、资源化学教育部重点实验室；教育部先进涂料工程研究中心、纳光电集成与先进装备教育部工程研究中心、教育部医用生物材料工程研究中心、材料复合及先进分散技术教育部工程研究中心；中国科学院有机氟化学重点实验室、中国科学院有机功能分子合成与组装化学重点实验室、中国科学院微观界面物理与探测重点实验室、中国科学院能量转换材料重点实验室；先进材料实验室（科技创新平台）、微纳加工和器件公共实验室（科技创新平台）；分子催化与功能材料上海市重点实验室、稀土功能材料上海市重点实验室、上海市资源环境新材料及应用工程技术研究中心、上海市公共研发服务平台先进复合材料设计与制造专业技术服务平台、纳米功能材料中试技术公共服务平台等。

（3）纳米企业

上海市纳米科技经过近 20 年的发展，一批应用性成果进入市场，也助推了主营纳米科技产业的发展，涌现出了一批主营纳米科技与产业的企业，如规模化生成陶瓷微珠、空心微珠、漂珠、微晶粉、玻璃鳞片和纳碳酸钙的上海格润亚纳米材料有限公司；以开发电子信息领域应用的纳米抛光液的上海新安纳电子科技有限公司；以开发传统产业和生物医疗领域应用型纳米新材料为主的上海奥润微纳新材料科技有限公司；以开发和生成扫描探针显微镜及相关产品的上海爱建纳米科技发展有限公司；专门从事抗菌防霉等新功能纳米材料的研发、生产、销售和应用技术服务的上海六立纳米材料科技有限公司以及上海新能量纳米科技有限公司、上海超威纳米有限公司、上海沪正纳米有限公司、上海上惠纳米有限公司等。

3.2.2 主要成果

上海纳米科技经过多年的发展已形成自己的发展特色和优势，其成果与应用主要有以下几方面：

（1）获奖方面

2001~2016 年，获国家自然科学二等奖以上奖项共 547 项，其中 110 项与纳米科技直接相关，上海作为第一完成单位或主要完成单位有 15 项，占纳米领域 13.6%。

（2）论文发表方面

2001~2016 年，上海纳米技术领域的研究论文发表数量呈较快增长态势，在 2016 年达到发表量的高峰（5 629 篇），2017 年发表量数据只是统计时（2017 年 7 月）的发表量。详见图 3-4。

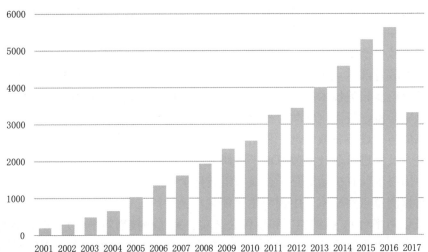

图 3-4　2001 年至今，SCI 收录上海纳米技术领域的研究论文年度分布情况

从研究机构来看，2001 年至今，上海纳米技术方面论文发表量居前 10 位的研究机构是：中国科学院、上海交通大学、复旦大学、华东理工大学、同济大学、上海大学、东华大学、华东师范大学、上海理工大学和上海师范大学，详见表 3-1。其中论文发表量较多的是中国科学院、上海交通大学和复旦大学，在 2011 ～ 2015 年发表的相关论文数量，比 2006 ～ 2010 年发表量增长了 1 倍之多。由此可见，上海的研究机构对纳米技术的研究日益关注，详见图 3-5。

表 3-1　2001 年至今，上海纳米技术领域文献发表量居前 10 位的研究机构

排名	机 构 研 究	文献量
1	中国科学院（CHINESE ACADEMY OF SCIENCES）	9 821
2	上海交通大学（SHANGHAI JIAO TONG UNIVERSITY）	8 391
3	复旦大学（FUDAN UNIVERSITY）	7 431
4	华东理工大学（EAST CHINA UNIVERSITY OF SCIENCE AND TECHNOLOGY）	4 383
5	同济大学（TONGJI UNIVERSITY）	3 826
6	上海大学（SHANGHAI UNIVERSITY）	3 562
7	东华大学（DONGHUA UNIVERSITY）	3 475
8	华东师范大学（EAST CHINA NORMAL UNIVERSITY）	2 393
9	上海理工大学（UNIVERSITY OF SHANGHAI FOR SCIENCE AND TECHNOLOGY）	906
10	上海师范大学（SHANGHAI NORMAL UNIVERSITY）	882

　　从发表的论文期刊领域来看，2001 年至今，上海纳米技术论文发表量居前 10 位的领域是：综合材料科学、物理化学、综合化学、纳米科学与纳米技术、应用物理、凝聚态物理、高分子科学、电化学、分析化学和化学工程，详见图 3-6。其中论文发表量最多的是综合材料科学领域，其在 2011~2015 年发表的相关论文数量，比 2006~2010 年发表数量增长了 110.84%。此外，物理化学、综合化学、纳米科学与纳米技术和应用物理领域在相关期刊上也发表了大量的论文。

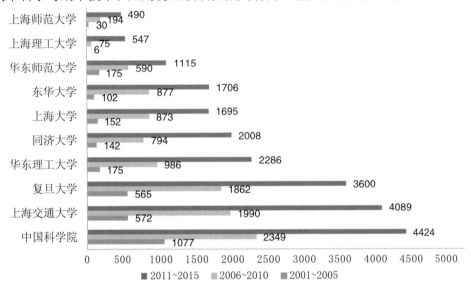

图 3-5　2001 年至今，SCI 收录上海纳米技术领域的研究机构年度分布情况

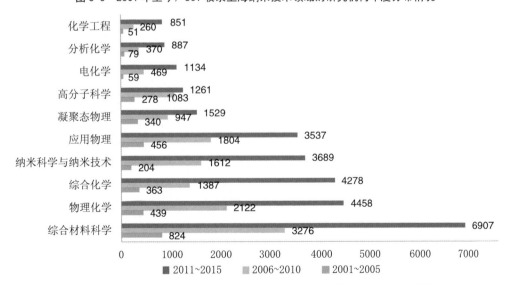

图 3-6　2001 年至今，SCI 收录上海纳米技术方面论文的期刊领域年度分布情况

　　总体来说，2001 年至今，上海纳米技术方面的研究论文发表数量呈较快增长

态势，说明纳米技术仍是上海地区研究机构关注的热点领域。

从研究机构来看，中国科学院、上海交通大学和复旦大学在研究论文的发表数量上与其他机构相比具有一定优势，而从各大研究机构的发文量年度分布来看，均呈现出较大的增长幅度。从期刊领域来看，上海纳米技术研究论文最主要发表在综合材料科学类期刊。

（3）专利申请方面

上海在发展纳米科技方面非常注重知识产权，2001~2015 年间，上海地区针对纳米技术领域的专利申请量呈现出整体上升趋势，2015 年达到申请量的高峰（3 836 项）。2016 年和 2017 年申请的专利由于公开滞后的原因，图表显示数据不代表实际申请量。这说明上海从事科技研究的科研人员的知识产权意识得到了明显增强，详见图 3-7。

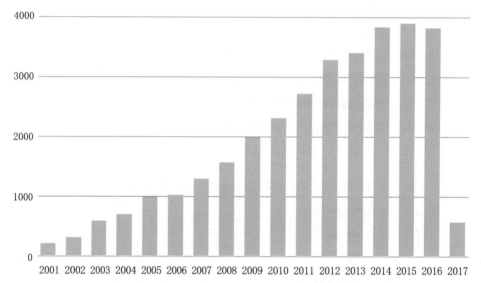

图 3-7　2001 年至今，上海纳米技术领域专利申请量的年度分布情况

2001 年至今，上海纳米技术领域方面专利申请量前 10 位的是：高校系统中，以上海交通大学拥有最多的专利数量（排序第一，2 633 项），紧随其后的是东华大学（排序第二，2 440 项），复旦大学（排序第三，2 002 项），上海大学（排序第四，1 568 项）；上海企业系统中，以中芯国际集成电路制造（上海）有限公司专利申请量最多（并列第四，1 568 项）；中科院系统中，以中科院硅酸盐研究所申请量最多（排序第八，997 项），紧随其后的是中科院上海微系统所（第十，730 项）；国家级研究中心系统中，以上海纳米技术及应用国家工程研究中心有限公司（纳米技术及应用国家工程研究中心）专利申请量最多（排序第九，870 项），详见图 3-8。

2001 年至今，上海纳米技术领域专利权人类型主要可分为：大专院校、企业、科研单位、机关团体和其他。其中，以大专院校申请量占总数的47.20%；企业申请量占总数的35.83%；科研单位申请量占总数的10%；个人申请量占总数的5.37%；机关团体申请量占总数的2%；其他申请量占总数的0.02%，详见图3-9。

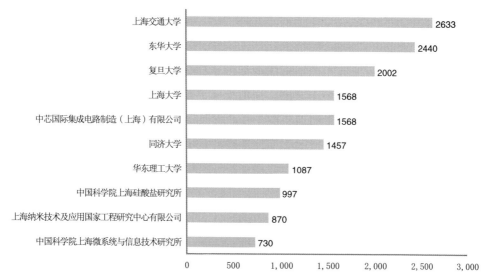

图3-8 2001年至今，上海纳米技术领域专利申请量前10位的专利权人

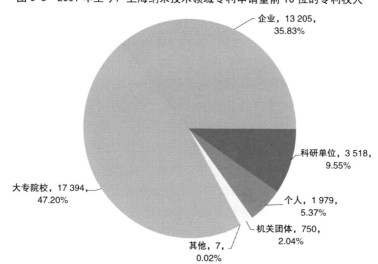

图3-9 2001年至今，上海纳米技术领域专利权人类型分布情况

总体来说，2001年至今，上海地区在纳米技术方面申请的专利呈现出整体上升的趋势。从专利权人来看，上海的专利权人以大专院校和企业为主，其中高校以上海交通大学、东华大学和复旦大学的相关专利申请量较多；企业以中芯国际和华力微电子为代表的企业，他们虽然起步较晚，但发展速度较快；国家级研究中心以纳米技术及应用国家工程研究中心为代表，近年来发明专利申请量发展速

度较快，已进入上海前 10 位。此外，中科院硅酸盐所和微系统所的专利申请量在中科院系统中领先。

（4）代表性纳米科技成果方面：

上海在发展纳米科技方面既注重前瞻性研究，也注重纳米技术的应用研究，经过多年的发展，在高校、科研院所和国家级研究中心均取得了一些标志性成果，主要有：

复旦大学：建立了基于高分辨率电子束光刻的纳米加工基地，开发了微纳创新工艺、建立了相关内容的工艺库，为纳米电子器件、二维材料器件、纳米光学超材料和超表面材料、三维纳米结构、同步辐射 X 射线关键光学部件的研制等领域提供了技术支撑，解决了国家同步辐射源的光学部件无法自主设计制造的重大科技问题；组织修复与替代的纳米生物材料方面，研制出具有纳米涂层改性的先天性心脏缺损封堵器，并进行了临床试验；药物输送方面，开发的脑部肿瘤诊疗关键技术，率先提出了针对脑部肿瘤的二级靶向递药系统，有效穿过血脑屏障，直达脑部肿瘤部位；同时在介孔材料、纳米功能材料，尤其是可穿戴设备方面取得了一系列的重要科技应用成果。

上海交通大学：在纳米功能材料、纳米生物医用材料和纳米金属材料领域都取得了标志性成果。开发了含微量稀土元素的具有特殊核壳结构的微纳米镁基储氢材料，具有吸放氢性能优良、抗氧化性好等优点，同时掌握了先进的氢化镁批量制备技术，达到年产 6 吨氢化镁的水平；成功实现了多糖纳米诊疗载体的高效制备，效率是传统胶束化方法的千倍以上；荧光纳米晶液相悬浮芯片技术成功应用于癌症、肝炎等重大疾病的临床检测，拟进行产业化；新型半金属及其化合物纳米材料已被成功应用于癌症的成像和诊疗；建成了年产能 10 吨的碳纳米管 / 铝基复材示范线，采用 ×100 千克级的大规格锭坯进行工业级型材挤压试验，率先在我国标准动车组样车上得到试用，制备能力和技术水平目前均居国际领先；向航天单位批量提供纳米颗粒增强钛合金锻件多批次，并已在国家关键型号上获得了批量应用；制备了仿壁虎脚趾微纳米结构的纳米金属弹簧热界面材料，减少界面热阻60% 以上；构建了基于液气相变传热铜基微纳温控系统，提高了高功率计算机芯片处理最大功效 50% 以上，降低器件温差 35%；开发了金属与聚合物复合型柔性传热器件，实现了在多种复杂形变条件下稳定传热，应用于可折叠电子器件散热。

同济大学：建立了新型纳米材料的前沿研究基地，开发了纳米技术在生物医药、能源与环境方面的应用技术，开发了在生物医药等领域有重要应用的智能纳米系统，开展了纳米材料在交叉领域的应用研究；并在纳米尺度上开展了材料性能的计算机模拟研究、新结构纳米材料基础研究；在纳米材料合成机制、纳米颗粒表面和纳米颗粒与生物分子的界面性质等方面，取得了一系列重要科技应用成果。

华东师范大学：建立了纳米科技人才培养基地；在量子调控领域，瞄准冷原子、分子系统的量子调控与量子信息技术交叉结合这一点，以全新的思维探索了量子信息科学、量子光学与原子物理的有机融合，开拓了相关量子技术方面的潜在应用；在纳米技术应用与平板显示、半导体照明、薄膜太阳能电池、绿色环保水处理、传感器、真空等离子体装备等方面的研究和应用，都取得了一系列重要科技应用成果。

华东理工大学：将化学工程的理论与方法应用于纳米材料制备与加工过程，建立了在材料结构调控及工程研究方面具有鲜明特色和优势的研究基地，在纳米材料制备的化工基础与过程放大、高活性骨组织修复材料的制备与临床应用、纳米荧光探针用于肿瘤的诊断、聚合物材料介观尺度的结构调控及其功能化、光电转换及能量存储、耐高温结构功能一体化树脂及复合材料等方面取得了一系列重要科技应用成果。

上海大学：在纳米功能粉体规模化制备及应用技术开发、结构可控光催化新材料、高性能纳米抛光材料及原子级表面平整技术、高品质汽车和电器专用高分子复合材料、高效光扩散复合材料、高品质汽车和电器专用高分子复合材料等方面，取得了一系列具有创新性的研究成果。

东华大学：建立了纳米材料研究中心；在纳米多孔纤维材料、碳纳米纤维材料、仿生超疏水纳米纤维材料、纳米光电催化材料、纳米蛛网、精脱硫纳米颗粒催化剂、纳米胶囊以及微纳米纤维静电纺丝技术、口腔组织修复用纳米杂化材料及其临床应用技术等方面取得了一系列具有创新性的研究成果；首次制备出一维柔性陶瓷纳米纤维材料、新型二维"纳米蛛网"纤维膜材料以及三维超轻纳米纤维气凝胶材料。

上海师范大学：在纳米材料能源转化方面：在早期稀土纳米材料的下转换和应用方面，特别是稀土纳米粒子方面多次获奖；在纳米材料生物检测方面：用于食品方面检测和纳米材料在医学分子影像的应用，具有自己的特色。此外，在纳米催化材料、纳米传感器等领域，均取得较好的科研成果。

上海科技大学：在超分子蛋白纳米纤维、无镉低毒光催化产氢纳米催化剂、纳米新型光电材料、纳米尺度反铁磁纳米结构磁性的探测等方面，取得了一系列具有创新性的研究成果。

中科院上海硅酸盐研究所：在无机纳米低维材料与介孔材料的合成以及能源环境与生物领域的应用等方面的研究取得突出成绩，其中介孔氧化硅纳米药物载体、有机硅纳米载体与药物输运体系、纳米诊疗一体化、新型无毒催化纳米医学等方面取得国际领先成果；同时在染料敏化太阳能电池，铜铟镓硒太阳能电池基础开发与应用方面也取得了一系列的研究成果。

中科院上海应用物理研究所：在纳米生物检测方面建立了研究基地，开发了在分子和细胞水平上精确地观测和调控生命过程的新技术，在蛋白质结构与功能、细胞显微成像、纳米生物机器、DNA 纳米结构等方面，也取得了一系列重要科技研究成果。如在国际上率先提出利用三维 DNA 纳米结构进行界面调控的电化学生物传感策略；利用纳米光子学成像技术，发展了一种可实时监控单个金纳米颗粒催化过程的单颗粒暗场显微镜方法；构建了一种新型、具有优异的催化及局域等离子体光学性质"两面神"（Janus）等离子体纳米马达。

中科院上海微系统研究所：开发了相变存储器（PCRAM）的制备工艺，在相关材料、工艺、设计和器件结构方面都取得了自主创新技术；在纳米功能材料、纳米能源材料、纳米存储器、传感器和检测技术等方面取得了一系列重要科技研究成果。

中科院上海技术物理研究所：在半导体纳米材料、量子点、纳米线光电探测器、纳米线红外探测器等纳米技术应用领域取得了一系列重要研究成果。

中科院上海有机化学研究所：将特种元素（如氟元素等）应用于纳米材料，发展了若干耐极端条件的含氟纳米功能材料，如耐强腐蚀的萃取材料、耐高温的透明材料和耐高频的低介电常数材料。并在微纳结构有机分子催化材料和功能性纳米体系的精细构筑等方面取得了一系列重要研究成果。

中科院上海药物研究所：开发了应用纳米技术的药物靶向递送系统，在纳米载药技术、纳米药物制剂（脂质体、胶束、乳剂、纳米粒、纳米复合物等）等方面取得了一系列重要研究成果。

中科院上海高等研究院：在燃料电池纳米结构电催化剂和纳米结构膜电极方面实现了工程化和产业化；在微纳器件、微系统、合成气高效制备低碳混合醇纳米催化剂、干细胞 / 纳米材料、纳米医学、纳米新能源方面取得了一系列重要研究成果。

纳米技术及应用国家工程研究中心：立足于纳米技术研发与工程化应用，发展至今将纳米技术应用于环境治理、功能材料、生物医药、新能源、信息技术、检测分析等，取得了一系列应用成果，特别是在半封闭空间空气污染物治理、室内空气污染物治理、纳米材料制备与分散技术方面以及纳米抗菌产品等方面形成了技术特色和优势；创新能力在《中国企业创新能力百千万排行榜（2017 年）》中，被评为"中国创新企业前 1 000 强"。

超细粉末国家工程研究中心：在纳米碳酸钙、高性能聚甲基丙烯酸甲酯（PMMA）材料、室内空气污染光催化治理等方面取得了一系列重要研究成果。

药物制剂国家工程研究中心：在小分子干扰核糖核酸的壳聚糖纳米粒传递系统、纳米技术应用于药物给药方面取得了一系列重要研究成果。

（5）服务平台资质方面

随着纳米新材料产品不断推出，市场上出现了各种良莠不齐的纳米材料产品，迫切需要有权威、专业的纳米材料检测机构为社会提供服务。截至 2017 年 7 月

31 日，中国合格评定国家认可委员会（CNAS）认可的检测实验室共有 7 084 家，但是获得纳米技术方面专业认证的机构，全国只有 5 家。其中：国家纳米科学中心在纳米检测方面拥有 8 项认证资质，国家纳米技术与工程研究院检测中心已获得 14 个大类认证资质，中国检验检疫科学研究院纳米材料与产品检测研究中心获得 12 项认证资质，中国科学院苏州纳米技术与纳米仿生研究所测试分析中心有 7 项认证资质。这方面最突出的是纳米技术及应用国家工程研究中心（上海纳米技术及应用国家工程研究中心有限公司），拥有 30 项认证资质，主要针对材料的尺寸、形貌、成分与结构等物性检测方面。此外，在无机材料、有机材料、环境材料、电池材料、涂料、生物医药与纳米薄膜材料等方面具有特色和专业化的服务。

3.2.3　人才队伍

政府非常重视科技与产业人才发展机制的建立：当前"4 个中心"、"科创中心"建设都与人才关系密切，人才是促进科技与产业持续快速发展的重要要素。2016 年 9 月 25 日，上海市政府发布了《关于进一步深化人才发展体制机制改革，加快推进具有全球影响力的科技创新中心建设的实施意见》（简称"人才 30 条"，图 3-10）。该意见是在 2015 年发布"人才 20 条"的基础上，着重在人才发展体制机制方面进行了完善和突破。"人才 30 条"在国内外人才引进、创新创业环境、科研院所的用人制度以及业绩导向和服务等方面，给予了全面发展布局。

图 3-10　上海市"人才 30 条"

政府非常重视科技与产业人才计划的建立：上海市陆续出台了一系列有利于人才引进与培养的人才计划。从图 3-11 可以看到，上海主要有 9 项人才计划取得了丰硕成果。

上海纳米科技经历了近 20 年的发展，拥有了一批具有国内外影响力的领军人物。在这些领军人物领衔的研究团队里，各自都建立了人才梯队，一大批年轻科技人员，在锻炼中得到成长。多年来在国家与地方科技基金的支持下，不少中青年科技人员在各自的岗位上，通过承担各类科技项目，科研能力得到了明显的提升。目前，上海在纳米科技领域拥有一批中青年科技骨干，他们已成为高校、科研院所和企业科学与技术发展的带头人，是创造具有国际领先水平科研成果的科学与技术带头人，是赶超或保持国际先进水平的重要生力军。这些人才的出现，极大地提高了上海纳米科技在国内外的学术地位、技术地位、服务地位的竞争实力。

图 3-11　上海市人才计划和成果

目前，上海在纳米科技领域拥有：中科院、工程院院士 10 多人；国家（青年）千人计划、国家杰出青年科学基金获得者、教育部长江学者特聘教授、中科院百人计划以及各类国家和地方人才获得者数百人次；拥有纳米科技领域国家 973 项目、国家纳米科技重点研究计划项目、863 计划项目、科技支撑项目等国家项目负责人 50 人以上。这些人才主要分布在纳米技术相关材料、环境、能源、信息、生物、医药、检测等主要领域中。

综上所述，上海在纳米科技领域通过多年的发展与运营，发展环境越来越有吸引力，从政府重视到布局，各层次研发平台、研发人才、服务中心都得到了全面发展，形成了特色和优势；产学研用机制已深入科研与市场，正在助推纳米科技的健康发展；在新一轮科技发展中，在政府的布局和引导下，在市场与需求的牵引下，纳米科技将成为支撑上海未来科技与产业发展最重要的技术之一。所以，我们在布局规划纳米科技发展时，既要做到前瞻性、创新性和应用性，又要做到资源整合，有所为、有所不为；同时要重视政府的引导和宣传，吸引社会各类资源的投入，共同为上海纳米科技的健康发展而努力奋斗。

3.3　社会经济和技术发展需求

上海作为国际化程度高、经济发展水平和产业结构层级较高、科技基础设施完备、人才资源丰富、区位优势明显的大都市，在国内较早实施了创新驱动发展战略，具备建设具有全球影响力科技创新中心的基础和潜力。为推进上海科技创新、实施创新驱动发展战略走在全国前头、进入世界前列，加快向具有全球影响力的科技创新中心进军，上海市政府制订了《上海市科技创新"十三·五"规划》。规划中明确指出：推进"纳米科学与微纳制造"战略方向重大突破，即培育产学研用一体化的纳米生态群落，构建多模式融合的纳米检测表征平台，开展纳米尺度及纳米制造的重大基础科学问题研究，发展新型纳米材料与结构的制备及其器件化与工程化技术，在纳米材料与结构、超微器件与系统集成和检测表征等方面取得若干国际一流的原创性成果，推动纳米技术在信息、生物医药、新能源和环保等产业领域的融合应用，推进微纳制造产业的发展。

3.3.1　社会经济发展需求

《上海市科技创新"十三·五"规划》指出：纳米科技在上海未来 5 年的发展中具有重大的需求，纳米技术不仅要在科学研究中领跑，也要在产业发展上引领方向；不仅要支撑传统产业，更要扶植新兴产业。我们需要切实推动纳米科学技术的基础与应用基础研究，围绕当前纳米科技发展的主要方向和重要基本问题，并根据上海市特点来选准科技研发与产业进步的突破口，提升传统产业的升级和战略性新兴产业的发展，并形成纳米技术的新兴产业。

（1）纳米科技提升传统高新技术产业发展

传统产业在今后相当长时期内仍将是我国国民经济发展的主体，是促进经济增长的基本力量。它不仅创造了绝大部分的产值、利税和就业机会，有着庞大的规模和雄厚的基础，而且，未来实现高技术产业化的载体依然要依靠对传统产业的改造提升来完成，这是高技术产业发展的重要基础。通过用纳米技术改造提升传统产业，可以促进传统产业结构优化升级，提高其技术和装备水平，为发展高技术与实现产业化提供了重要保障和基础条件，将纳米技术向传统高新技术产业各个领域渗透、交叉、融合，努力提升传统产业和促进传统产品的更新换代。围绕传统基础产业、战略性新兴产业与国防重大工程建设对新材料的重大需求，加快纳米新材料研发，突破关键核心技术，形成一批具有国际领跑水平的技术成果；加快研制纳米粉体材料、一维纳米材料、二维纳米材料及其阵列等纳米材料，实现其在塑料、纤维、涂料等传统产业中的规模化应用；发展功能纳米纤维材料，满足空气过滤、防水透湿、高温隔热、柔性光催化、轻质保暖和阻燃等领域需求；提升聚合物纳米复合材料性能，实现其在家用电器、汽车、食品包装等领域的应用。

（2）当前科技革命与产业变革交汇互融

科技与产业向"智能、泛在、互联、绿色、健康"方向融合发展。《上海市科技创新"十三·五"规划》准确把握了这一趋势，在"打造发展新动能，形成高端产业策源"重大任务中，提出了构筑智能制造与高端装备高地、支持智慧服务发展、培育发展绿色产业和提升健康产业能级4个创新主题，力争相关产业向产业链高端迈进，这也正是上海向具有全球影响力的科技创新中心进军路径的正确选择。这些任务的布局特点特别关注纳米技术所导致的新产业生长点和高新技术产业，要将纳米技术与信息技术、环境、能源、生物医药、先进制造、海洋、空间等新技术相结合，尽量通过提高纳米技术在这些产业中的含量，来建立以纳米技术为主旋律的一批纳米技术的高新技术产业以及有关产业链。大力发展先进纳米功能材料、纳米环境材料、纳米能源材料、纳米生物医药材料、纳米信息材料、纳米检测技术与仪器、微纳加工技术、航天与军民融合纳米技术，构建以纳米技术为主导的高新技术产业结构体系，从而使纳米科技创新真正服务于高新技术发展，力争在新的经济发展形势下，为上海产业结构调整和升级打下坚实基础，为提高上海的综合竞争力作出贡献。

3.3.2 技术发展需求

3.3.2.1 纳米功能材料与技术方向

（1）纳米材料理论模拟

纳米材料的理论模拟包括原子团簇、小分子、纳米结构和性质的第一性原理计算；纳米尺度的团簇、纳米结构的电子特性；表面吸附分子电子态的理论模拟；纳米管的化学修饰及其力学和电子特性的研究；分子器件的电学输运性质；模拟在微纳米尺度的材料体系中，包括生物大分子体系、无机材料、有机聚合物等复杂体系的光、电、磁、力、热等特性及动态过程，以及一系列有机分子在表面的自组装的结构和相互作用、纳米表面的催化反应、高分子自组装体系的结构与特性。

（2）纳米粉体材料

新型材料不仅是制造业的发展基础，也是高端装备、先进器件的设计基础。碳纳米管、石墨烯、黑磷、二维二硫化钼等新型纳米材料的涌现，不仅引领了纳米科技的发展方向，也为相关领域注入了新的创新活力。利用纳米合成技术调控纳米材料微观结构，实现特殊功能化的改性。如通过调整微观纳米阵列，实现纳米材料表面亲水与疏水性能的调控、光吸收的调控以及表面电荷定向转移机制的调控；发展新一代纳米材料的可控制备和多级构筑技术，实现其尺寸、晶态、形貌、纯度、表面缺陷和介观结构等可控；发展纳米材料的规模化生产技术，如具有竞争力的纳米氧化钛、介孔氧化硅等材料的宏量制备技术；拓展并促进纳米材料的应用技术，实现有关纳米催化材料性能的进一步提升；发展无机纳米药物载体的批量化（千克级）制备技术，开展临床前安全性和药效评价。

（3）纳米功能纤维

高技术功能纺织品所占比例严重不足，国家在个体防护、工业过滤与分离、航空航天、能源军工、生物医用等领域亟需的高品质纤维制品严重滞后。

突破纺织材料高效生态染整技术与应用、解决产品同质化、低质化、环境负荷重等重大问题，实现智能化绿色改造；突破化纤柔性高效制备技术，开发具有小直径、低密度、低导热系数的柔性陶瓷纳米纤维隔热材料，满足狭小空间领域对隔热材料低厚度、轻质、高效隔热的应用需求；开发直径小、孔径小、孔隙率高的纳米纤维空气过滤材料，以满足空气过滤领域对材料高效低阻特性的要求；降低纤维直径以提高合成保暖絮料的孔隙率，制备结构稳定、高弹蓬松的超细纤维，开发出超轻纳米纤维保暖服；突破高品质功能纤维及纺织品制备技术，开发具有抗紫外线、吸收红外线、抗老化等功能的纳米纤维；开发高性能工程纺织材料制备与应用技术，开发防油、防水、抗菌、抗污，清洁起来极其简便，穿着柔软舒适的太空服用纤维；突破生物基纺织材料关键技术，开发具有持续传输、共价抗菌、组织细胞引导，用于糖尿病足、静脉溃疡等世界性慢性难愈病症的高端技术型复合功能敷料等。

（4）纳米功能塑料

传统聚合物基复合材料已不能满足日益提高的性能要求，如何进一步提高传统聚合物基复合材料的性能，拓展其在高端领域的应用，已成为聚合物基复合材料获得大规模应用的瓶颈之一。新型结构增强体的制备技术、原位界面反应技术、混合结构技术等，可解决宏观复合材料中存在的界面薄弱环节。纳米技术也为聚合物的高性能化和功能化开辟了一条新的途径。纳米功能塑料制备的关键问题是如何使纳米级材料均匀分散到塑料基体中去。

根据国民经济和国家汽车工业发展的重大需求，聚焦面向汽车轻量化使用的热塑性聚合物复合材料，构建汽车轻量化用聚合物纳米复合材料，发展国家迫切需求的汽车结构件用高性能聚合物纳米复合材料的低成本制备技术；突破塑料轻量化与短流程加工及功能化技术；开发轻质化抗菌食品包装塑料，通过添加具有一定功能的纳米材料，赋予保鲜、防腐、抗菌、防伪、延长保质期、轻质化等多种功能，实现食品等快速消费品包装材料的薄型化、轻量化；开发抗菌防霉塑料，使塑料具有抗菌防霉，自洁等优良性能，使其成为绿色环保产品等；突破纳米材料高效单分散与应用技术，实现纳米改性的结构功能一体化复合材料工程应用。不断探索新的纳米塑料低成本绿色可控备技术，开发纳米塑料的新用途，为传统塑料行业带来千载难逢的机遇。

（5）纳米功能涂层

为了缓解"建筑室内综合征"等问题，急需开发高强度耐久性的新型智能纳米调湿材料，将调湿材料与其他纳米功能材料复合，使其具有除异味，除甲醛等功能，满足建筑内环境的舒适性，也可用于涵洞、隧道等公共设施的湿度调节；特效颜料的研究涉及到汽车、建筑、能源、化妆品、消费电子和军事科技等很多行业。该领域的主要核心技术，目前都掌握在欧美和日本的几家大公司手中，这一现状大大制约了我国在相关领域和后续产业的发展，需开发塑料加工和高档油墨和印刷行业的金属颜料（包括彩色金属颜料）、高档珠光颜料、新型晶片颜料、玻璃颜料、防伪颜料、红外反射（或透明）颜料等；污损不仅增加船舶的自质量、减少船舶的载质量，同时将大大增加船体的阻力，造成船舶航速降低和燃油消耗量增大，需开发低表面能、环境良好型纳米防污涂料；开发用于建筑、航空航天、交通、电子、体育运动以及军事用品等多个领域的自修复涂料，保持材料的机械强度、消除隐患、延长使用寿命；开展隔热、耐磨、减磨、抗氧化、抗疲劳等涂层材料的研究，突破零部件耐减磨技术。

（6）纳米陶瓷材料

纳米陶瓷材料，利用纳米粉体对现有陶瓷进行改性，通过向陶瓷中加入或在陶瓷中原位生成纳米级颗粒、晶须、晶片纤维等，使得晶粒、晶界以及它们之间的结合都达到纳米尺度水平，从而大幅度提高材料的强度、韧性和超塑性。如高热导陶瓷基板材料以其优良的导热性、力学性能、稳定性和匹配特性，成为功率电子、电子封装、混合微电子与多芯片模块等技术中的关键配套材料，这也是目前最理想的高密度芯片、大功率器件和高速集成电路基板的封装材料，在航空航天、通讯、微电子、新能源产业和国防军工等领域中的应用前景都非常广阔。

（7）纳米水凝胶

水凝胶是一类新型智能自组装软材料，可调节组织发生和细胞的生理活动。开展相关研究可了解生命体系中立体选择性的起源，而且在生物医药健康等领域具有应用价值。构建系列手性可控、功能可调、智能响应的仿生纳米纤维自组装体系，满足细胞生长空间的需求；探索手性结构对生命体的作用，解决手性纳米纤维调控细胞黏附、生长等基础科学问题；手性纳米纤维结构的可功能化，智能化调控细胞黏附和生长，为新型智能仿生材料的开发奠定基础。

（8）纳米磁性材料

纳米磁性材料，利用其粒子尺寸小，具有单磁畴结构和矫顽力很高的特性，研究在分子影像（包括核磁共振成像以及多模式成像），纳米治疗（包括光热、热疗以及协同治疗）等多个领域的应用。但基础研究与临床运用之间存在巨大的反差，如何有效地突破发展瓶颈，实现基础研究向临床转化是现阶段以及未来相当长时间内的重大科学问题之一。开发具备生物安全、质量可控，效果优良的纳米核磁共振成像剂和治疗制剂；研究用于电声器件、阻尼器件、旋转密封与润滑和选矿等领域的超顺磁纳米颗粒；通过结构设计、组装等技术，开发新型（磁性）纳米结构和功能材料，提高材料的性能，实现对肿瘤精准检测和高效治疗；针对严重危害健康的恶性肿瘤，特别是肝癌、胰腺癌和乳腺癌等危害性较高、微环境作用明确的肿瘤类型，研究纳米技术在针对肿瘤微环境调控，改善肿瘤恶性表型和提高疗效等方面的机制，结合肿瘤的综合治疗和多模式与多手段治疗，开发新型一体化诊疗试剂的多功能（磁性）纳米制剂和技术。

（9）纳米半导体材料

将硅、砷化镓等半导体材料制成纳米材料，具有许多优异性能。例如，纳米半导体中的量子隧道效应使某些半导体材料的电子输运反常、导电率降低，电导热系数也随颗粒尺寸的减小而下降，甚至出现负值，可用于在大规模集成电路器件、光电器件等领域发挥重要的作用。过渡金属锰（Mn）、铜（Cu）、钴（Co）、铁（Fe）、镍（Ni）等热敏电阻半导体材料，属于稳定性和寿命最好的 NTC 电阻材料，可广泛应用于工业电子设备、电源设备、测试仪器仪表等中，既可用于集成电路对电子电路浪涌消除、温度的精密探测和监控、液面测定、气压测定、火灾报警、气象探空、开关电路、自动增益调整等领域，又可用于航天航空的红外探测薄膜、微波和激光功率测量等领域，具有广阔的市场应用前景和战略价值。

（10）纳米梯度材料

在航天用氢氧发动机中，燃烧室的内表面需要耐高温，其外表面要与冷却剂接触。因此，内表面要用陶瓷制作，而外表面则要用导热性良好的金属制作。但块状陶瓷和金属很难结合在一起。如果制作时，能在金属和陶瓷间使其成分逐渐连续变化，让金属和陶瓷"你中有我、我中有你"，最终便能结合在一起形成倾斜功能材料，使材料成分变化像一个倾斜的梯子。用金属和陶瓷纳米颗粒按其含量逐渐变化的要求混合后烧结成形时，就能达到燃烧室内侧耐高温、外侧有良好导热性的要求。

3.3.2.2 纳米环境材料与技术应用方向

（1）用于典型废气治理的纳米材料与技术

工业废气、汽车尾气是污染大气环境的主要来源，是各国政府亟待解决的难题，传统的治理技术已渐渐不能达到日益严苛的排放标准。研究发现，纳米级稀土钙钛矿型复合氧化物对工业废气中所排放的一氧化碳（CO）、一氧化氮（NO）具有良好的催化转化作用。工业用煤燃烧加入纳米级助燃催化剂，不仅可使煤充分燃烧，不产生 CO 气体，提高能源利用率，而且会使硫转化为固体硫化物，不产生二氧化硫（SO_2）气体。同时，纳米材料可用作石油脱硫催化剂。纳米钛酸钴是一种非常好的石油脱硫催化剂，经催化的油品中硫的含量＜0.01%，达到国际标准。复合稀土化合物的纳米级粉体具有极强的氧化还原性能，它的应用可以彻底解决汽车尾气中 CO 和氮氧化合物（NO_x）的污染问题。而更新一代的纳米催化剂，将在汽车发动机汽缸里发挥催化作用，使得汽油在燃烧时就不产生 CO 和 NO_x，无需进行尾气净化处理。

（2）用于空气净化的纳米材料与技术

半封闭空间和室内空气污染严重超标，传统的材料治理很难实现常温、低浓度的高效治理。静电除尘－纳米催化／吸附联用技术，能成功实现半封闭空间颗粒物（PM）、CO、NO_x 和碳氢化合物（HC）的常温高效综合治理，但净化材料成本有待进一步降低，寿命也有待于提高。对室内空气污染物的净化，纳米级光催化剂可以实现很好地降解，且通过设计不同的催化剂可实现多种污染物，如甲醛、苯、SO_2、硫化氢（H_2S）、NO、二氧化氮（NO_2）、甲硫醇、硫化物、氨气等有害气体的净化。最新研究成果，纳米级二氧化锰（MnO_2）可实现甲醛室温催化转化为二氧化碳（CO_2）和水（H_2O）。

（3）用于水质控制的纳米材料与技术

目前，国内常用的废水处理技术难以达到有效的治理，物理吸附法、混凝法等只是将污染物从液相转移到固相；而化学、生化等处理技术，虽然对污染仍是有破坏性的，但它们的除净度较低，废水中的污染物含量仍远高于国家废水排放标准。纳米级催化剂结合光能或臭氧可以在催化剂表面产生的强氧化性物质使有机物氧化分解，最终使之矿化。这种氧化作用无选择性，而且分解效率高，可净化多种有机污染物。纳米级净水剂能将污水中悬浮物完全吸附并沉淀下来，然后采用纳米磁性物质、纤维和活性炭净化装置，有效地除去水中的铁锈、泥沙以及异味等。再经过由带有纳米孔径的处理膜和带有不同纳米孔径的陶瓷小球组装的处理装置后，可以 100% 除去水中的细菌与病毒，得到高质量的纯净水。净化和淡化海水的选择性纳米滤膜，不仅成本低，而且所需能量不到目前的 1/10。

（4）用于土壤污染检测与高效修复的纳米材料与技术

以往土壤或泥浆中的污染物治理都收效不佳，主要原因是固态物质催化的化学反应由于反应物间的接触面积过小而难以实现。发展土壤污染检测与高效修复的纳米技术，有望弥补传统方法的不足，实现土壤污染物高效分离、检测、甄别与修复。现在已实现将纳米材料颗粒填塞到直径为 400~500 μm 的小珠子（由藻胶和氨氧嘧啶制成的聚合材料，价格低廉）中，为泥浆中的芳香族化合物脱氯提供了一个很好的反应平台。

（5）用于多种污染物快速识别与检测的纳米材料与技术

环境污染往往是多种污染物共存，有些污染物在浓度很低就可能造成很大的危害，因此污染物的种类与含量必须被适时监测。目前，监测技术成本较高，不便移动作业，所需温度高。与现有监测仪器不同的是：利用纳米技术研制的特殊结构与形貌的纳米材料探测元件及阵列，有望实现多种污染物的常温、原位、快速、高灵敏识别与检测，且体积小，便于携带。例如，利用纳米技术研制的碳纳米管用于监测 NO_x，可在室温下工作，造价低廉，而且体积小。

（6）用于噪声污染控制的纳米材料与技术

飞机、车辆、船舶、工程机械等发动机工作时的噪声可达上百分贝，对环境造成噪声污染。但当机器设备等被纳米技术微型化以后，其互相撞击、磨擦产生的交变机械作用力将大为减少，噪声污染便可得到有效控制。运用纳米技术开发的润滑剂，既能在物体表面形成永久性的固态膜，产生良好的润滑作用，又可大大降低机器设备运转时的噪声，延长其使用寿命。

（7）用于污染物回收与利用的纳米材料与技术

污染物治理一方面可以进行破坏式治理生成无毒无害的物质，另一方面可以进行浓缩、回收和利用，甚至部分污染物，如 CO_2、H_2S 等可以进行高值化利用。发展用于污染物回收与利用的纳米材料与技术，实现绿色治理、杜绝二次污染具有重要意义。此外，目前许多食品都以铝箔、聚乙烯等作为包装材料，食用后，包装废弃物采用掩埋的方式，对环境造成了污染。如果采用纳米材料做包装材料，可回收，可生物降解，可以提高食品包装的重复利用度，减轻环境的污染。

（8）用于环境化学/生化污染物的纳米材料与技术

大量化学品的使用，导致其在环境中产生残留，如农药、染料、抗生素、重金属等，且其在大气、土壤和水体中停留时间越长，危害范围越广，难以降解，这些化学行为深受人们的关注。农药分为除草剂和杀虫剂，大都是有机磷、氯及含氮化合物。利用纳米二氧化钛（TiO_2），降解有机磷农药，使有机物完全被矿化并消除了二次污染，具有经济、高效、节能等特点。染料在生产和使用中，有大量盐度高、色度深、异味大的染料废水进入环境，对生态环境和饮用水造成极大的污染。近年来，利用纳米絮凝剂、纳米光催化等对染料进行净化改进，也取得了一定的成果。

（9）纳米材料全生命周期管理的集成技术

纳米科技的快速发展使得纳米材料成为触手可及的产品，但纳米材料对生态环境的影响远未被人们所了解，亟需密切关注。对于未来纳米材料的发展而言，要具有在超生命周期内掌控其风险与利益的意识。我国亟待从战略角度出发，建立纳米尺度有毒化学物质的数据库，进一步明确划分纳米尺度有毒化学物质的范围，重点防范这些物质在生产和应用过程中对环境安全造成的危害；构建预测纳米材料潜在影响的理论模型；实施纳米技术安全标准战略，建立纳米技术风险评价体系；评价超生命周期纳米材料造成潜在影响的方法。

3.3.2.3　纳米能源材料与技术方向

（1）纳米能源催化材料

采用廉价和储量丰富的非贵金属替代稀有贵金属作为催化剂，实现甲烷（CH_4）高效活化、合成气高选择性转化和 CO_2 催化转化利用，实现重要能源和化工过程的高效转化是当今催化科学和化学化工研究的热点。控制催化剂空间分布，制备有利于强化传热的催化剂结构。催化剂强化制备的实质是通过强化，加速催化剂晶体成核、控制晶体生长、影响晶体尺度结构与形貌（最好达到人为可控），加强催化剂与载体相互作用、影响催化剂界面或者介尺度结构（最好也能达到人为可控），从而实现提高催化活性，特别是低温活性，增强催化剂稳定性的目的。

（2）电 / 光解水制氢纳米材料

氢能已被普遍认为是一种理想、无污染的绿色能源，其燃烧值高且燃烧后唯一的产物是水，对环境不会造成任何污染。在众多氢能开发的手段和途径中，通过光催化剂，利用太阳能光催化分解水制氢是最为理想和最有前途的手段之一，而开发高效、廉价的实用光催化剂是实现这一过程的关键，也成为当前国际能源材料领域的研究热点之一。对光催化分解水制氢来说，当前面临的主要问题是：量子产率（体系吸收每一个光子所引发的某种事件的数目）和对可见光响应。解决这一问题的关键，就是电极的结构和材料。近年来，一维金属氧化物纳米结构，如纳米管、纳米棒、纳米线，由于在载流子分离与传输方面体现出极大的优势而逐渐成为研究的热点。另一方面是催化剂的选择和制备，在传统的光催化分解水制氢中，催化剂通常要负载一定量的助催化剂，而助催化剂一般都是贵金属，催化性能好但价格昂贵。与光解水制氢类似，电解水制氢的催化剂是影响电化学制氢性能的关键因素。近年来，随着高性能非贵金属催化剂的不断出现，针对廉价材料替代贵金属产氢的研究也成为热点，并在催化剂制备、改性以及反应机制方面取得了显著的进展。

（3）热电转换纳米材料

热电转换材料广泛应用于工业余热高效发电、太阳能高效热电 - 光电复合发电和微小温差发电等领域。热电转换当前研究的方向包括利用传统半导体能带理论和现代量子理论，对具有不同晶体结构的材料进行塞贝克系数、电导率和热导率的计算，以求在更大范围内寻找热电优值 ZT 更高的新型热电材料；从理论和实验上研究材料的显微结构、制备工艺等对其热电性能的影响，特别是对超晶格热电材料、纳米热电材料和热电材料薄膜的研究，以进一步提高材料的热电性能；对已发现的高性能材料进行理论和实验研究，使其达到稳定的高热电性；加强器件的制备工艺研究，以实现热电材料的产业化。随着空间探索兴趣的增加、医用物理学的进展以及在地球难以日益增加的资源考察与探索活动，需要开发一类能够自身供能且无需照看的电源系统，热电发电对这些应用尤其合适。

（4）大功率高安全二次电池用纳米材料

大容量二次电池在未来环保汽车领域、电力存储领域及动力领域的需求，预期在未来 10 年将达到 4 倍，其中新一代环保汽车是二次电池市场扩大的最强推动力。锂电池因具有较高的能量转换效率、优异安全性能、方便携带和清洁能源的优点成为发展的重点。当前对技术的要求主要是：高容量、高效率和高安全性。针对以上问题，将锂电池材料开发与纳米技术结合起来，不但可以获得具有高容量与高功率的纳米电池材料，如正极材料纳米化来改善脱嵌路径、位置数量以及比表面积，负极材料纳米化可以抑制膨胀，增加循环寿命等，解决目前锂电池的技术瓶颈，增加电池的性能；而且还可以与市场应用相结合，发展薄膜锂电池，应用于"新一代"产品中去，包括 IC 卡、MEMS、生物医药元件所需的薄膜锂电池等领域。

此外，各类金属（铝、锂、镁等）空气电池具有高容量密度的优点，有望成为未来电动汽车提供与汽油媲美的能量密度，也是目前研究的热点，与锂离子电池并跑引领未来二次电池领域。

（5）高性能太阳能电池用纳米材料

考虑到转换效率和价格，硅系太阳能电池仍是应用最广泛的体系。硅系主要的不足是光电转换效率低，短波利用率低，且电池容易发热。纳米结构硅系太阳能电池突破了传统硅系太阳能电池特性限制，简化了电池材料，提高了效率极限，如量子点、量子阱和超晶格太阳能电池。在寻找硅系替代材料中，薄膜电池和纳米晶体化学太阳能电池是研究的主要方向。薄膜电池包括多元化合物薄膜电池、燃料敏化电池、钙钛矿太阳能电池，这些电池体系无论在转换效率还是稳定性上都取得很大的进展，尤其是材料纳米化带来很多性能上的提高，如纳米氧化物燃料敏化电池在准固态电池的应用。

（6）纳米储氢材料与储氢装置

由于对氢能源的研究和开发日趋重要，解决氢气的安全储存和运输成为首要问题。由于纳米材料性质的广泛研究，储氢材料范围业已从传统的金属储氢合金扩展至金属有机框架化合物（MOFs）和以物理吸附为主的纳米和多孔（介孔）材料。储氢结构的纳米化对储氢材料的热力学和动力学存在显著影响，众多研究表明，纳米化可以大幅改善吸放氢特性。因此，发展低维和纳米结构储氢材料，并深入认识其储氢机制、纳米尺寸效应，使材料具有更高性能已成为当前储氢材料研究的重中之重。另外，在循环工作中的纳米结构稳定性也是研究热点之一。此外，将纳米储氢材料和传统高压储氢技术结合，构建高性能储氢装置的研究和应用也得到了汽车工业界的大力支持。

（7）燃料电池新体系用纳米材料

燃料电池通过化学反应的电效应直接发电，其能量转换效率高达 70% 左右，是内燃机替代动力能源的有力备选体系之一。之前因为燃料电池成本过高，体积庞大，容易中毒，发展一度低迷。然而，随着近年来日本汽车厂商在燃料电池方面的持续努力和商用化，燃料电池又重新成为研究热点。目前，燃料电池的努力方向主要是提高正极催化剂的催化性能以及减少贵金属的使用，其方法主要是通过催化剂本身和负载材料的纳米化改性，包括表面修饰和结构形态的改变，例如丰田持有专利的树枝状大分子催化剂结构。此外，新体系的纳米催化材料，如金属和金属氧化物材料也有相当多的研究。碳性材料，如纳米碳管、石墨烯等因其大比表面积、多孔结构受到了广泛注意，有希望成为最佳负载材料。日本九州大学的最新研究表明，将纳米碳管与无机纳米金属氧化物结合，有可能得到和贵金属 Pt 体系相当的催化性能。

（8）超级电容器用纳米材料

超级电容器具有高功率密度和快速充放电特性，适用于大规模网格储能、电动汽车等领域，其性能主要取决于电极材料。从蓄能机制上超级电容器可分为双电层电容器和赝电容器两种。在双电层电容器中，蓄能发生在电极表面，因此材料的比表面积是影响其电化学性能的重要因素。赝电容器类似锂电池，通过伴随有离子嵌入的氧化还原机制来储存电荷，缩短离子和电子的扩散路径，能够显著提高其电化学性能。因此，将电极材料纳米化、多孔化一直是超级电容器材料改性的重要手段。目前，超级电容器设计的主要难点是：要求同时具有高能量密度和高功率密度，解决途径主要是利用纳米复合材料、纳米金属氧化物，如氧化镍（NiO）、氧化锰（MnO）等具有高比容特性。但其动力学特性限制了电极厚度不高于亚微米级别，将其与碳性多孔材料复合可克服该限制，实现较厚的电极，从而提高电容器性能。

（9）纳米发电机

纳米发电机是基于氧化锌等纳米线独特的半导体、光学和生物学特性，将机械能、震动能、流体能量、生物动能转化为电能，提供给纳米器件，为无线传感网、无线探测器、自驱动微纳系统与纳米机器人等实现能量自给。单个纳米发电机的功率有限，未来真正要投入使用的话，可以用大量的纳米发电机共同工作，组成一个"发电机组"，预期在无线通信、无线传感、军事、生物医学等领域将有广泛的应用前景。目前，纳米发电机的相关研究，一是材料改性，着力于提高材料的能量转化率；二是纳米结构组装，其中涉及到自组装、光刻等多项纳米前沿技术。

（10）超导材料用纳米材料

摩尔定律的失效是近年来半导体芯片业争议的热点，其背后在超大规模集成电路的热耗散效应方面暴露出的问题越来越显著。超导材料制成的电子器件不存在热损耗，是解决该问题的理想途径，因此纳米超导器件在近些年受到了广泛关注和研究。对于超导材料而言，量子涨落、热扰动等因素在材料纳米化后对体系超导性能产生显著影响，导致如超导态的量子相滑移，迈斯纳态下的磁通载入等不同于块体材料的性质。最新研究发现，单根纳米碳管的手性导电特性，类似于二极管单向导通效应，可用来制备超导电路中的超导二极管。单位原胞层硒化铁（FeSe）超薄膜的超导转变温度在液氮温度附近，满足高温超导的要求，从而为纳米超导集成电路的实际应用提供了基础。诸多研究表明，纳米材料的超导电性与其尺度、形态及制备方法有关，因此控制合成是其关键所在。

3.3.2.4　纳米信息材料与技术方向

（1）纳米电子材料与器件

纳米材料结构和尺寸限制所表现出的各种纳米效应、特性和新现象，以及在这基础上发展起来的纳米电子学理论，对电子信息产业新的发展产生了巨大的影响。随着电子元器件尺寸的进一步缩小，接近物理极限，摩尔定律逐渐呈现失效的趋势。因此，科学家在研究利用其他的，例如光子极化、量子纠缠、电子自旋、原子或分子位态等来替代电子电荷作为电子器件的逻辑单元，基于量子点、二维半导体材料等为基础的电子器件。目前，纳米电子器件的发展趋势和研究重点是：通过对器件原理的深入研究以及制备方法的不断探索，拟找到提高器件可靠性的方法和手段，并能降低成本和适应市场需求。

（2）纳米传感材料与器件

纳米传感器是建立在单分子水平上的传感装置，纳米技术的传感和探测新方法将使探测灵敏性（最小探测极限）和选择性（探测特定化学制品或过程的能力）得以大大提高，可探测到许多以前无法探测的过程和事件。纳米传感器的尺寸减小、精度等性能的大大改善，从而极大地丰富了传感器的理论，推动了传感器的制作水平，拓宽了传感器的应用领域。

（3）纳米存储材料与器件

随着存储器件尺寸的不断缩小，传统的闪存器件面临着一系列挑战，新型纳米存储材料与器件的探索成为了重点。近年来，出现了以氮化硅（Si_3N_4）等材料为基础的电荷俘获存储器，以铁电晶体为基础的铁电存储器，以磁性隧道结为核心的磁性存储器，以硫族化合物为基础的相变存储器和以电激励为基础的阻变存储器等，国内科学界和产业界，均在上述领域探索能够突破现有存储器尺寸和性能的新型器件。纳米存储材料与器件，目前，最具潜力替代现有闪存工艺，包括新型相变存储器和阻变存储器，这方面重点研究内容包括：探索新型相变存储材料与阻变材料，如二维碳材料、二硫化钼、金属晶复合纳米材料等，优化相变和阻变存储器件整体性能，降低功耗器件的功耗，并提高稳定性等。

（4）纳米光电材料与器件

随着对亚微米、深亚微米和微电子机械系统的深入研究，纳米光电子技术应运而生。目前，纳米光电子技术广泛应用于电信、光互联、显示、照明、数据存储、成像、光伏、传感器以及测试等领域。国内外已研制出多种纳米光电子器件，包括纳米激光器、多量子阱自电光效应器件、CMOS/SEED 光电集成器件、纳米光导集成电路、谐振腔隧穿二极管（RTD）光电集成电路、硅纳米颗粒光电元件、纳米 CMOS 自电光效应器件、单电子纳米光开关、纳米激光器阵列、微型光传感器和纳米级发光二极管等。纳米光电材料与器件的研究重点领域涉及纳米激光器、纳米光电材料、纳米光电子器件与纳米工艺技术等。

（5）柔性纳米材料与技术集成

柔性纳米技术主要包括有机半导体微晶和单晶纳米线的制备，通过印刷术制造的无机纳米线、纳米带和纳米膜，具有温控、传感、能量存储、信号或数据传输、电磁辐射屏蔽功能柔性纳米材料等，以及由它们所构建的柔性电子器件和电路。柔性纳米材料可用于可穿戴设备、薄膜太阳能电池、纳米传感器、平面显示、纳米发电等多个重要领域。石墨烯、碳纳米管、纳米银等材料都具备良好的导电、导热和机械性能，是理想的柔性纳米材料。

（6）纳米科学与人工智能

纳米科学与人工智能主要分为两个方面：一方面是纳米材料和技术的人工智能网络设计，如人造纳米级神经元芯片，该类芯片有别于传统芯片，具有类似神经元的输入输出结构以及信息处理的随机性，其计算能力高于目前任何一种芯片，可作为智能 AI 的硬件保障；另一方面是采用人工智能技术的纳米机器人，这类纳米级的机器人具有自我认知、识别和计算处理的能力，是根据分子水平的生物学原理设计制造、可对纳米空间进行操作的功能分子器件。人工智能正在互联网领域不断发力，与纳米材料和技术的完美结合，可大大加快信息化改造的进程。

3.3.2.5 纳米生物医学方向

（1）纳米生物医用材料

A. 组织工程纳米材料与技术

具有可控生物活性与可控生物降解性是纳米生物材料的发展方向，骨组织植入 / 修复材料经历了由完全生物惰性到具有一定生物活性、由不可降解到生物可降解的发展过程。成骨速度慢、修复效果差仍然是现阶段骨组织生物材料存在的主要问题，应加强对具有主动修复功能和可调控生物响应特性的第三代生物活性材料方面进行探索性基础研究，以达到促进缺损组织自修复与再生的目的。

多级结构材料构建的活性支架材料以及等离子体等技术，对生物材料的表面纳米化处理具有潜在产业化转移的优势领域，可在完善应用技术研究后，加快产业化步伐。

在新型医用植入材料和介入材料、组织工程和再生医学等纳米生物材料方面，宜加强对设计、制备和功能集成的研究。其中，重点解决纳米生物材料的生物相容性、生物活性和安全性及表征测试等关键科学技术问题；突破具有生物活性的纳米涂层材料及相应植入体的临床应用瓶颈技术，形成产品批量化生产能力并开展临床应用试验。

B．3D打印纳米材料

3D打印是20世纪末兴起的一个新概念、新产业，3D生物打印是一种能够在数字三维模型驱动下，按照增材制造的原理定位装配生物材料或细胞单元，制造组织工程支架、人工器官与医疗器械等生物制品的过程。随着3D生物打印机的诞生，传统生物医学所面临的修复供体来源不足、异体免疫排斥反应等问题将得到大大改善。3D打印技术之所以能在医疗健康领域获得蓬勃发展，主要取决于其可操作性强、材料选择性多、精度较高、可实现个性化定制等优点。无论是聚乳酸、聚己内酯等高分子材料，还是羟基磷灰石等生物陶瓷材料，或是钛合金等金属合金材料，甚至是活细胞，都可以实现精确的打印。3D打印技术在组织工程支架、人工血管、人工皮肤、人工韧带、椎间融合器等构建方面都有广阔的应用前景，均可实现按需定制。目前，3D打印在基础研究方面已相对成熟，但为了进一步推动科研与医工的结合，促进该项技术的继续发展，有必要在多学科共同协作的基础上，开发性能更为优良的打印材料，并优化打印技术与工艺。纳米领域的科研人员应深化临床医学的科学认知和知识储备，为3D打印材料与技术更好地应用于临床诊治铺平道路。

（2）纳米诊断技术

A．纳米分子影像探针

现有的影像诊断技术已无法满足对疾病早期高效诊断的需求，而分子影像诊断技术从分子水平对疾病的异常结构和功能进行生理和生化水平显像，能够为疾病的诊治提供更为精确的信息。分子影像学的发展除了需要先进的成像设备外，最关键的是要发展新型高效成像探针。目前，常规的造影剂和分子探针因为存在信噪比较低、靶向性差等缺点，无法满足成像要求。而在各种纳米材料基础上发展起来的纳米影像探针能显示出极好的显像／成像效果。

另外，诊断治疗学是一种将治疗学与诊断学结合起来的新兴治疗策略，同时也被医学界视为未来众多疾病疗程的主流，有望为个体化医学的实现起到极大的推动作用。设计与合成高靶向、高灵敏、高疗效、高稳定性和低毒性的"诊疗一体化"多功能探针，是诊断治疗学技术发展和应用中的重中之重。近年来，随着纳米技术的快速发展，一系列具有特殊物理化学性质的功能化纳米材料被不断开发出来，为"诊疗一体化"多功能探针的构建提供了新的契机。

B．纳米传感与微流控技术

生物传感器是利用生物特异性识别过程来实现检测的，在临床检测、遗传分析、环境检测、生物反恐和国家安全防御等领域得到广泛应用。目前，生物传感技术在生物和医学，特别在检测、诊断方面，对检测特异性、准确性、简单快速、高通量等方面的要求在日益增长。而纳米技术与生物传感技术的结合，可构建均一的检测系统，提高对靶标的识别和捕获能力。

目前，多种新技术、新工艺可提高生物传感器的识别能力、灵敏度、特异性等方面的性能。芯片实验室将样品制备、反应及检测分析过程集成在微型芯片，节省样本、提高了检测灵敏度和检测效率。即时检测系统可实现快速的现场检查，操作简便，节省检测成本。微流控技术集成多通道和微流控等技术，组装制备各种结构精细、均一性好的纳米结构检测器件，提高了检测通量并降低了检测成本，适用于大量样本的分析。

C. 纳米分离与检测技术

纳米科技与分析科学相结合，对现代分析科学既是挑战又是机遇。一方面，纳米科技的发展需要分析科学提供表征的手段和研究方法；另一方面，新兴的纳米技术渗透融合到分析科学中，可创建出新理论和新测试方法，极大地促进了分析科学的发展，带动分析科学中最活跃的领域——生物分析的发展。

纳米粒子在生物分析中的应用：①纳米探针识别核酸序列；②纳米粒子用于免疫分析与生物染色；③纳米粒子用于生物分离：以磁性分离为例，超顺磁性纳米粒子的表面上常常包裹高分子亲和物，识别并捕获靶标后，可被外加磁场吸引，使靶标与其他物质分离。

（3）纳米药物

纳米药物是指药剂学中的纳米粒子，包括纳米载体与纳米药物，其尺寸界定于 $1\sim1\,000$ nm 之间。纳米药物载体通过将药物分子包裹在其中或吸附在表面，实现对小分子药物、多肽、蛋白、核酸等不同类型药物的高效载带。纳米药物是指直接将原料药加工成纳米粒子。相对于传统药物，纳米药物的优势在于：①提高药物溶解性和利用效率；②靶向特定组织，减少药物用量；③提高药物递送效率并实现可控释放；④可同时载带多种药物，实现协同治疗；⑤可同时携带成像分子，实现诊疗一体化。纳米药物分析主要包括：新纳米材料的药用功效研究及其分析，集中在纳米材料结构和性质的表征，即粒度及分布、分散性、分散稳定性、表面电性能、表面成分及价态、表面自由能和结构等；新药物载体和药物新剂型的开发及其分析，集中在药物粒径及粒度分布，药物载体的性质与药物分布、疗效和药物载体的载药量和包封率等方面。

A. 纳米靶向给药材料与技术

靶向给药目前仍处于探索性基础研究阶段，重点研究纳米技术的药物靶向输运和治疗；纳米颗粒穿越生物屏障的机制；载体和药物与靶器官（细胞或分子）相互作用产生的生物学效应、机制以及它们与纳米特性的相关性等科学问题。另一方面，针对肿瘤治疗需要的高效性和特异性，借助肿瘤与正常组织之间病理与生理性质上的差异，设计出能够被肿瘤组织特异性激活的智能型药物载体，增强抗肿瘤药物选择性，提高抗肿瘤的效果，降低不良反应。

B. 免疫治疗纳米药物

免疫治疗应用免疫学原理和方法，提高细胞的免疫原性和对效应细胞杀伤的敏感性，激发和增强机体免疫应答，并将免疫细胞和效应分子输注到宿主体内，协同机体免疫系统杀伤目标物、抑制目标物生长。肿瘤免疫治疗备受关注，是肿瘤治疗领域的焦点，有望成为继手术、化疗、放疗和靶向治疗后肿瘤治疗领域的一场颠覆性变革。利用纳米药物靶向细胞递送药物的能力，可以增强免疫系统识别肿瘤相关性抗原或消除肿瘤细胞的免疫逃逸，减少免疫疗法的不良反应，是肿瘤免疫治疗的新型策略。肿瘤免疫治疗已在一些肿瘤类型，如黑色素瘤和非小细胞肺癌等的治疗中，展示出强大的抗肿瘤活性，已有肿瘤免疫治疗药物获得美国食品和药品管理局（Food & Drug Administration，FDA）的批准，并进入临床应用。在移植方面，由受体免疫系统识别供体特异性抗原所引起的免疫排斥，是导致移植物无法长期存活的关键因素。利用纳米药物的靶向性优势，选择性递送免疫抑制剂或共刺激信号途径阻断剂，可以有效诱导免疫耐受，延长移植物的存活时间。

C. 纳米材料宏量化制备技术

在纳米药物的大框架下，宏量化制备（包括药物载体）的关键是控制纳米药物的大小及均一度，尽量避免颗粒之间的团聚现象，从而保证药物的安全有效。针对不同种类的纳米药物性质和功能，选择适合的载体及给药方式，研究相应的纳米粒制备技术和工艺，保证颗粒大小合适，尺寸均匀，药物疗效稳定。建立相应的药物存储与运输管理系统，保障药物的生物活性及稳定性。配套质量管理系统，严格控制生产、存储与运输各个环节，保障药物的质量与安全性，实现药物制备过程的最优化。

D. 纳米中药现代化

传统中药服用不便，有效成分不明，在一定程度上限制了中药的使用与普及。运用纳米技术将中药的有效成分或有效部位制备为粒径＜100nm 的纳米药物，能够改善或提高中药的溶解度与生物有效性，降低不良反应和给药量；便于制作缓释剂或控释剂；对药物进行适当的表面修饰，根据体内不同部位的环境差异进行智能给药；制成纳米粒、纳米乳等，降低某些药物的肠胃刺激。

（4）纳米技术的基因与细胞治疗

A. 纳米基因技术

纳米技术在基因治疗中的应用，主要包括基因改性和 DNA 分子的有序组装与生物有序结构模拟的仿生两方面。基因改性治疗指在微小空间内将 DNA 分子变构、重新排列碱基序列等。DNA 纳米仿生制造是利用纳米技术操纵单个原子或分子，制造出与生命过程中每个环节相类似、具有各种功能的纳米有机 / 无机复合机器。

B. 纳米细胞治疗技术

纳米技术与干细胞结合的研究：指运用纳米技术开展干细胞的相关研究，包括纳米技术的干细胞分离、干细胞微环境培养、干细胞的基因转染、干细胞组织工程以及干细胞检测、跟踪和成像等，主要体现在纳米颗粒的干细胞分离纯化、纳米颗粒用于干细胞的标记与成像、纳米颗粒作为基因或其他药物分子的载体转染干细胞，以及三维纳米结构调控干细胞增殖分化等方面。

免疫疗法是利用免疫系统来治疗疾病的一种概念：包括 T 细胞、B 细胞与自然杀伤细胞（NK）等免疫细胞疗法。其中 CAR-T，全称是 Chimeric Antigen Receptor T-Cell Immunotherapy，嵌合抗原受体 T 细胞免疫疗法，是一个诞生了很多年，但在近几年才被改良使用到临床上的新型细胞疗法。在急性白血病和非霍奇金淋巴瘤的治疗上有着显著的疗效，被认为是最有前景的肿瘤治疗方式之一。但仍存在一些问题，如无法及时确定免疫细胞在体内的位置，难以深入评估治疗成功或失败的原因等。纳米技术辅助免疫细胞疗法，可以形成辅助成像探针，实时指示免疫细胞成像，让医生能够及时明确免疫细胞所在位置、浓度，更加准确的评估治疗效果，及时进行干预。

（5）纳米技术的医疗器械

利用纳米材料加工的零部件装配而成的医疗器械或用纳米材料表面涂层的医疗器械、手术器械。如具有抗菌功能的新型纳米材料制备的导管，能够大大降低病人在医院治疗期间被交叉感染的风险，节省治疗费用；如疏水、疏油的"自净"纤维，用来制作医用服装、床品等；一种视网膜植入式纳米材料，能使许多因"视网膜色素炎"眼病而失明的盲人重新恢复视力，其工作原理是：微型摄像机将摄入外界图像传入视网膜植入纳米材料中，并转化为生物电流信号，最终被传输进大脑的视觉中枢并形成图像，这样就能使盲人看到真正的外界影像；还有一种纳米添加的齿科材料，具有自酸蚀能力、强大的抑菌力，可防止口腔微生物对牙龈、牙齿的黏着，并有自净能力。新纳米材料制成的医疗器械将改变现有医疗器械产品的旧貌，并成为未来医疗器械市场上的增长点，其发展前景非常广阔。

（6）纳米生物表界面技术与生物力学

A. 纳米 / 生物界面

纳米生物界面的主要研究方向有：纳米生物界面材料、响应性生物界面材料和手性生物界面材料等。纳米生物界面材料可通过对材料表面进行特殊加工，从而影响材料的宏观性质，使其具有特殊的功效，如防水、防雾、自清洁、高特异性、高选择性等。仿生智能界面材料具有感知环境刺激，并做出响应的复合材料。当外界刺激存在时，响应性聚合物可逆地改变其物化性质，广泛被用作智能涂层和响应性生物界面材料；生物系统通常利用高选择性的多重弱相互作用，解决生物分子间相互作用的问题，如利用多重结构效应在细胞外基质中控制润湿性，影响细胞外基质中蛋白和其他生物大分子在表面的吸附。随着研究的深入和应用的广泛化，对纳米生物界面的功能要求也越来越高。

B. 纳米生物力学

纳米生物力学横跨自然科学、工程学、生物学、医学等多个学科，现已成为一门强有力的应用科学，它既可以用来表征蛋白质、细胞和软组织等生物材料和结构的力学性能，又可以监测其生理学和病理学过程。通过对细胞生物力学性质的定量分析，可以预测癌细胞的侵袭转移能力，对病人的预后进行快速精准评估；也有研究发现，通过检测肿瘤细胞的生物力学性质，可以评估肿瘤细胞的耐药性和对治疗的反应。通过对癌细胞生物力学分子机制的基础研究，有可能解决目前临床对肿瘤诊断与治疗的新需求。

（7）纳米生物安全性

纳米材料的毒性是限制其应用的主要因素，尤其是体内使用的纳米材料，考察起来比较复杂，研究手段也存在很多问题。目前，纳米材料生物效应与安全性研究已形成一个新的学科"纳米毒理学"。纳米生物学效应与安全性评价方面要立足前瞻性、全面性、科学性和社会性，着力从生态毒理角度，研究纳米科技对人体健康和环境的潜在影响，并探索合理的解决方法，力争将其对环境和人类的影响降低到最小程度。

（8）纳米技术的转化医学

A. 纳米技术与生命医学结合的新产品

纳米技术与医学相结合，在检测诊断、药物治疗和抗菌等方面都取得了很好的发展。研制出纳米造影剂、纳米传感器、抗肿瘤药物载体、纳米人工细胞等产品。可用于生物分子体内追踪成像、单一癌症细胞检测和药物释放等技术。这些研究将纳米技术融入医学，同时也按医学需求研究纳米材料和技术，相辅相成又交叉融合，使得临床医疗变得效率更高，诊断更准，治疗更有效。

B. 纳米技术与临床诊断和检测设备

生物医学起源于诊断，没有准确的诊断就不可能有对症的预防和治疗。纳米技术在诊断和检测中发挥了重要作用，如纳米探针、纳米芯片、各类分辨率可达到纳米级的诊断仪器，这些成果进一步应用于临床，将有效地助力临床诊断和检测水平的提高。

C. 纳米技术与基础医学

纳米技术和基础医学相结合，可以延伸出纳米微粒细胞分离技术、量子点纳米粒子标记技术、纳米生物计算机等新技术和新产品。利用纳米技术，可以探测到单个生物大分子的荧光，反映一个细胞的能量状态与周围化学环境的变化，分离吸附细胞，拓宽了基础医学的应用领域。

3.3.2.6 航天与军民融合纳米技术方向

（1）金属与金属基复合纳米材料

晶粒细化是目前唯一的一种既可以提高金属强度，又可以提高韧性的方法，而且也是提高金属材料强度最有效的方法之一。在航天领域使用较多的金属材料Al和Ti，采用纳米材料增强后，其强度有较大的提高，重量却有较大的降低，有望在航天舱体结构材料上得到应用。

（2）纳米聚合物基复合材料

纳米粒子加入到聚合物基体中，可提高其耐磨性、硬度、强度和耐热性等性能，对提高导弹用酚醛树脂的防热烧蚀材料性能、改善武器系统的工作环境和提高武器系统的突防能力有着深远的影响。

纳米材料与工程塑料复合既能提高工程塑料的固有性能，又可赋予其高导电性、高阻隔性与优良的光学性能，广泛应用于军事、航空航天、电子通讯等高技术领域。

（3）陶瓷基复合纳米材料

陶瓷基复合材料是以陶瓷为基体，与各种纳米材料复合制得的材料，室温下就可以发生塑性变形，高温下有类似金属的超塑性，具有优异的高温强度、耐磨性、耐热性和耐蚀性，是固体发动机碳/碳喷管和燃烧室之间的热结构绝热连接件的理想材料，还可用于喷管出口锥等有关部件。

（4）导电导磁导热功能纳米材料

飞行器在大气中高速飞行，由于气动加热飞行器表面与空气发生剧烈摩擦，产生大量热量，使得飞行器表面温度急剧上升，采用纳米改性的玻璃钢材料能够显著提高材料的热防护性能。采用纳米材料对光电吸收能力强的特点，可制作高效光热和光电转换材料，可高效地将太阳能转换成热能和电能，在卫星、宇宙飞船、航天飞机的太阳能发电板上喷涂一层特殊的纳米材料，可增强其光电转换能力；在火箭发动机壳体上喷涂一层防静电纳米涂料，可有效提高火箭工作的可靠性。

航天器的电子器件与设备的功率日趋增大，对航天器热控制技术和液体回路系统提出了更新更高的要求，传统的纯液体工质和常规的散热措施，难以满足热负荷日益增长的航天器热控系统的需要。在水、乙二醇等常规液体中添加纳米粒子，可显著增加液体的导热系数和对流换热系数，在强化传热领域具有广阔的应用前景。

（5）极端条件纳米功能涂层材料

纳米材料用作涂层，可提高工件的耐磨性、抗剥蚀性和抗氧化能力。在液体火箭发动机关键零部件中应用纳米技术，可大大拓展这些零部件的使用范围，提高其寿命和可靠性。将纳米技术应用在液浮轴承中，可使轴承的寿命和可靠性成百倍提高。涡轮盘是发动机中最关键的零部件，其在高温、高压和高速条件下工作，失效率很高，如果采用纳米级粉末冶金制造，将会大幅度提高涡轮盘的强度和耐高温性能。推力室的内壁冷却和抗高温是发动机的关键技术，经常因为推力室的冷却和抗高温问题而降低发动机的性能，如果采用纳米级金属粉末涂镀在推力室内壁上，就可解决这个问题。

（6）特种密封纳米材料

发动机出现故障最多的是各种密封的失效，密封面的表面质量是决定密封性能好坏的主要因素，利用纳米材料制成密封零件基体，或在密封表面覆盖一层纳米粉末，将会极大地改善其密封性。纳米粒子加入到橡胶中能极大改善其力学性能、介电性和耐磨性。目前，密封橡胶所用的增强剂大多为纳米级炭黑，若改用纳米氮化硅，可使其拉伸强度提高 14 倍，并能改善其耐磨性和密封性。

（7）固体火箭推进剂纳米添加剂

固体火箭推进剂主要由固体氧化剂和可燃物组成，固体火箭推进剂的燃烧速度取决于氧化剂与可燃物的反应速度，它们间反应速度的大小主要取决于固体氧化剂和可燃物接触面积的大小以及催化剂的催化效果。纳米材料由于粒径小、比表面积大、表面原子多、晶粒的微观结构复杂，并且存在各种点阵缺陷，因此具有较高的表面活性。将纳米金属粉添加到固体火箭推进剂中，可显著改善固体推进剂的燃烧性能。例如，在固体火箭推进剂中添加纳米级铝粉或镍粉，推进剂燃烧效率可得到较大提高、燃速显著增大。含有纳米金属铝粉的固体推进剂燃速比含有常规铝粉的固体推进剂的燃速高 5~20 倍。

（8）纳米隐身材料

纳米材料具有的小尺寸和量子尺寸效应等特性，可成为新的吸波通道。纳米陶瓷粉体是陶瓷类红外吸收剂的一种新类型，主要包括纳米碳化硅粉和纳米氮化硅粉等。纳米陶瓷类红外吸收剂具有吸收波段宽与吸收强度大等特性，纳米碳化硅和磁性纳米吸收剂（如磁性纳米金属粉等）复合后，吸波效果还能大幅度提高。纳米氮化物吸收剂主要有氮化硅和氮化铁。纳米氮化硅在 100Hz~1MHz 范围内，有较大的介电损耗，纳米氮化硅的这种强介电损耗是由于界面极化引起的；纳米氮化铁具有很高的饱和磁感应强度和饱和磁流密度，有可能成为性能优良的纳米雷达波吸收剂。

（9）高效光 - 热转换材料与纳米成像器件

在航天航空领域，传统的半导体探测器受限于黑体辐射效率，不适用于中远红外的探测成像。由等离激元的超结构在高效光 - 热 - 电吸收、辐射与转换效应上具有重要的应用潜力，且界面电子能态可调控、超结构可阵列化等特性，在构建面向航天应用的红外光源、光吸收器与高灵敏宽谱域红外光电成像器件等方面具备显著优势，成为光致热载流子中红外光源与探测期间的重要支撑材料。

（10）航天设备关键材料与器件用纳米材料及器件

传统的机械陀螺仪由于体积大、成本高、不适合批量生产等因素，制约了其在很多方面的应用。在科技发展的推动以及市场需求的牵引下，陀螺仪正朝着高精度、高可靠性、微型化、多轴测量和多功能测量的方向发展。随着 MEMS 技术的发展，MEMS 微细加工工艺在惯性器件制作中的应用，大大减小了陀螺仪的尺寸，降低了生产成本，使其能够在航天航空领域得到更广泛的应用，提高了成像制导精度和惯性导航精度。

高频高压纳米加速器的主要特点是：以负载性能良好的并激耦合倍压线路作为高频高压发生器，产生直流高压，其束流能量一般在 2~5MeV，功率为几十到上百 kW。纳米加速器从电子束的产生、加速和扫描来看，很像一只电视机显像管，可用于空间探测器、高分辨率对地观测相机、高精度导航系统等前沿性高技术战略产品。

利用微电子机械和纳米电子技术制造的惯性检测元件、换能器、射频元件、光学元件、电源系统及各种传感器核芯片作为星载设备，使得卫星的体积和重量大大减小。纳米卫星在通信领域、军事领域、对地观测和科学研究等方面具有广泛的应用前景，而纳米卫星组成的卫星网络在应急通信领域也具有巨大的潜在优势。

太阳帆是利用太阳光的光压进行宇宙航行的一种航天器。石墨烯具备"光动"飞行能力，可在包括太阳光在内的各种光源照射下驱动飞行，其获得的驱动力是传统光压的千倍以上，有望改变未来太空航行的面貌。

3.3.2.7 纳米检测技术与标准领域

（1）标准化纳米检测方法

目前，纳米技术检测领域普遍存在术语不统一、分析方法各异、分析结果无可比性的现象，更没有形成（或只有极少）国家或国际标准，同一类型设备的测量结果没有可比性，用不同方法测量同一物理量没有比较的方法，没有统一的方法来确定测量的精确度和可靠性。这些存在的问题如不尽早得到解决，势必会影响我国纳米技术和产品在国际上的竞争力。所以应规范纳米材料检测市场，强调应用标准化的检测方法对检测量进行量值。

（2）纳米尺度的标准物质

纳米尺度、长度的计量，不仅是纳米科学基础研究中的重要问题，也是纳米材料与产品产业化过程中质量控制的关键技术。因此，亟需建立成功的计量学基础框架。纳米尺度的精确测量，必须拥有相应的长度标准物质样品。所谓的标准物质，是指具有一种或多种足够均匀和确定特性值的校准设备、评价测量方法或给材料赋值的物质，标准物质是依法管理的一种计量器具，也是量值传递与溯源的一种重要手段。

我国由于在纳米尺度标准样品制造、测试、溯源和比对等方面的基础薄弱，纳米尺度计量学方面的研究工作一直滞后于发达国家。因此，迫切需要加快建立纳米尺度标准物质体系，开展纳米标准物质的研究。

（3）高精度纳米测量与表征技术

在传统的测量方法基础上，应用先进测试仪器解决应用物理和微细加工中的纳米测量问题，分析各种测试技术，提出改进的措施或新的测试方法。发展建立在新概念基础上的测量技术，利用微观物理、量子物理中最新的研究成果，将其应用于测量系统中，将成为未来纳米测量的发展趋向。

但纳米测量中也存在一些问题限制了它的发展，建立相应的纳米测量环境一直是实现纳米测量亟待解决的问题之一，而且在不同的测量方法中需要的纳米测量环境也是不同的。同时，对纳米材料和纳米器件的研究和发展来说，表征和检测起着至关重要的作用。由于人们对纳米材料和器件的许多基本特征、结构和相互作用了解得还很不充分，导致在设计和制造中存在许多盲目性，现有的测量表征技术就存在着许多问题。此外，由于纳米材料和器件的特征长度很小，测量时会产生很大的扰动，以至产生的信息并不能完全代表其本身特性。这些都是限制纳米测量技术通用化和应用化的瓶颈。因此，纳米尺度下的测量无论是在理论上，还是在技术和设备上，都需要深入研究和发展。

纳米颗粒因其在生物医学和生物分析领域具有重要的应用前景，备受关注。单个纳米颗粒的光散射检测技术是一种简单有效地对纳米颗粒的尺寸、尺寸分布与浓度等进行表征的分析方法，尤其在揭示纳米颗粒内在异质性方面具有独特优势。然而，瑞利散射强度随着粒径的减小呈六次方衰减，使得小尺寸单个纳米颗粒的检测非常具有挑战性。

（4）纳米探针和显微成像技术

纳米探针是一种能探测单个活细胞的新型超微生物传感器，探头尺寸为纳米量级（1~100nm）。作为生物传感技术领域迅猛发展起来的一项新型传感器，具有体积小、能在细胞内实时测量、对细胞无损伤或微损伤等诸多特点，是研究单细胞最基本的技术。目前已在生物、医学、环境监测等多种领域得到广泛应用。

显微镜根据成像方式，可分为光学宽视场显微镜、共聚焦显微镜、体视显微镜。光学宽视场显微镜和共聚焦显微镜更多应用于生命科学研究，对成像要求更高。在光学宽视场显微镜的各种成像技术中，明场、暗场、偏光和荧光成像是为了使需要观察的标本结构可见，而相衬、微分干涉和调制对比成像是为了将标本结构中的相位变化显现出来。在运用过程中，几种成像技术会同时使用的情况也很普遍。共聚焦显微镜是为了减少在焦点之外的光晕，仅对衍射极限尺寸的点照明进而成像。

（5）智能化、高精密仪器设备

"精密仪器与机械"是精密机械、电子技术、光学、自动控制和计算机技术等学科相互交叉的产物，主要是使仪器更加智能化、微型化、集成化和网络化。

智能制造高精密仪器设备的水平已成为当今衡量一个国家工业化水平的重要标志。随着纳米技术的发展，对仪器的要求更为严苛，为满足新型功能材料与产品研究开发的需要，日后各种仪器的发展都将趋于精密化、智能化、自动化、高效化、信息化、柔性化和集成化。

3.3.2.8　微纳制造方向

微纳制造技术是指制造纳米、微米量级的三维结构、器件和系统的技术，是微系统和纳米技术的统称，是构建适用于跨尺度集成、可提供具有待定功能产品和服务的纳米尺度（包括一维、二维和三维）的结构、特征、器件和系统的制造过程。微纳制造技术的发展具有战略重要性，有助于维持上海的工业基础，使上海在急剧增长的微纳技术产品与服务全球市场中发挥引领作用。上海微纳制造技术平台的成立，将帮助上海微纳产品制造商和设备供应商在关键技术领域中建立并维持领先地位。

（1）硅／非硅精密微纳加工技术

硅微加工技术是从微电子加工技术基础上发展起来的一种以光刻、薄膜生长、牺牲层、干法刻蚀和湿法化学腐蚀为实现手段的一种微加工技术。该技术特别适合于微细化制作与大批量生产，可使用多种材料，不需要附加任何装配工序就能制作运动机构，是目前微系统制造的主流技术。

超精密切削加工技术是从传统加工延伸出来的一种高效三维加工制造技术，加工速度快，精度高，加工柔性好，能将材料加工成任意三维形状的构建。非硅精密特种加工技术具有其他加工技术所不具有的优势，它能加工真正的三维结构，精度达到纳米级，能够在模具上加工浮动对准结构，并且能在同一原件上加工出不同深宽比的结构。

（2）电子束高速图形化纳米技术

电子束曝光是纳米图形加工的重要手段之一，也是目前最成熟的一种微纳图形加工方法。利用电子束光刻技术可研发纳米量级半导体器件、光电子器件和微机电系统。电子束曝光技术还可制作高精度掩模版和特种光栅器件，也可配备到扫描电子显微镜（SEM）、聚焦离子束系统（FIB）和扫描探针显微镜（SPM）上，构建成纳米加工设备，进行纳米图形加工和纳米微结构制造。电子束高速图形化能力和技术，在材料微加工和纳米尺度加工设备等超细领域内，都具有非常广阔的运用前景。

（3）大面积微纳压印技术

微纳米图形转移与压印技术可以廉价地在大面积晶片上重复，大批量制备各种纳米图形结构，通过并行处理制备多个零件，不需要极为复杂昂贵的光学镜头和光学系统以及电子聚焦系统，又避免了光学曝光中的衍射和电子束曝光引起的散射现象，分辨率可达几个纳米。微纳米图形压印技术和其他技术相比优势明显，更适合产业化批量生产，具有强大竞争力和广阔市场前景。大面积浇注、大面积图形转移、压印类创新技术对于大批量制备各种纳米图形以及微型零件有着极大的帮助，对整个上海地区工业发展与进步有很大的推动作用。

（4）LIGA 技术

LIGA 是光刻（Lithographie）、电铸（Galvanoformung）、塑铸（Abformung）的简称，首先利用同步辐射 X 射线光刻出图形，然后用电铸方法制造出金属模具，再利用模具复制微结构，加工出结构尺度达到亚毫米级和微米级的高纵横比复杂微机械，而且具有很好的直线度和垂直度。由于 LIGA 技术需要昂贵的同步辐射 X 光光源和 X 光掩模版，加工周期较长，所以很难得到广泛应用。近年来开发出了多种替代工艺，如用紫外光刻的 UV-LIGA，用激光烧蚀的 Laser-LIGA 以及用离子束蚀刻的 IB-LIGA 等，虽然这些技术达到的技术指标低于同步辐射 LIGA 技术，但由于其成本低廉，加工周期短，大大扩展了 LIGA 技术的应用范围。

（5）微纳加工新方法

表面微纳结构已在微电子、半导体、太阳能电池、发光二极管、等离子基元、仿生材料、超材料、细胞生物学等领域得到了广泛的应用，极大地推动了表面科学与工程的进展。随着人们对各种表面新奇特性研究的深入，各种新型表面结构不断被提出。这些新型结构，特别是复杂的多级次表面结构对微加工技术在成本、工艺、批量生产、精准设计和可控加工等方面提出了许多新挑战，目前的常规微纳加工方法已难以满足复杂结构的加工需要。近 10 多年来，新型微加工方法的研究获得长足进展，如纳米球光刻、晶界光刻、嵌段共聚物微相分离法、矿物沉积仿生微结构和应力应变微结构等。"2D 打印、3D 成型"的新技术可用来制备各种复杂的三维表面结构，具有工艺简单、成本低、可精准设计和可控加工、易于大批量制造、与成熟的平面制造工艺相兼容等优点。

隧道式进场放电加工是将扫描隧道显微镜技术用于分子加工，主要是基于量子力学中的隧道效应，可在针尖对应的工件表面微小区域中产生纳米级的结构变化，实现单个原子和分子的搬迁、去除、添加和原子排列重组，从而实现机械的精加工。隧道式进场放电加工等微纳系统制造方法，对于企业制造水平的提高有着很大的促进作用。

（6）微纳反应器

微／纳反应器是一种借助于新型微加工技术，以固体机制制造的可用于进行化学反应与分离提取的三维结构元件。在极微小的反应空间内，分子作用能够改变电特性，空间作用可以影响分子构象或基团的旋转等，进而可以改变反应物的化学性质、传递和分离特性等。以微小通道作为化学反应空间，能够实现边流动边反应，因而比传统反应器具有更多的优势：①微反器的传热系数比传统大反应器高一个数量级，即使是反应速率非常快，放热效应非常强的化学反应，在微反应器中也能在近乎等温的条件下进行，从而避免了热点现象，并能控制强放热反应的点火和熄灭，使得反应在传统反应器无法达到的温度范围内操作。②毫秒或纳微秒混合时间缩小了反应器体积，当物料处理量一样，起始与最终转化率都相同时，全混反应器所需的体积大于平推流反应器，而微反应器中的微通道几乎完全符合平推流模型。微反应器的传质特性使得反应物在微反应器中能在毫秒级范围内完全混合，大大加速了传质控制化学反应的速率。所以，对于传质控制等类型的化学反应使用微反应器，可以在维持产量不变的情况下，使反应器的总体积大大减小。③高比表面积强化了反应过程，在微反应设备内由于减小了流体厚度，相应的面积体积比得到了显著的提高。

近年来，国内外对微反应器进行了系统研究，已在微反应器的设计、制造、集成和放大等关键技术上取得了突破性进展；尤其在微反应器的设计和制造方面，已开发出微泵、微混合器、微反应室、微换热器、微分离器和具有控制单元的完全耦合型芯片反应系统等。微反应器对提高化学反应产量、提高工业化水平，有着很大的促进作用。

（7）生物加工

生物加工是利用尺度为微/纳米级的微生物，"吃掉"某些工程材料，实现生物去除成型，复制或金属化不同标准几何外形与亚结构的微生物，经排序或微操作，实现生物约束成型；通过控制基因的遗传形状和遗传生理特征；生长出所需要的外形和生理功能，实现生物生长成型，可用来构造生物型微机电系统。生物加工方法对于制造出所需要的生物材料、培养特定生物形貌以及合成具有所需外形和功能的材料，具有很大的帮助作用。

（8）仿生器件加工

自然界中广泛存在着以微纤毛或其他丝状结构为基本单元的组装体，这些组装结构赋予了生物体多种多样的功能。通过这些微纳米结构的高效可控制造，可以帮助人们发展新型的仿生功能结构与器件。而现有微纳米加工手段距离有效制备微小尺寸的仿生功能结构和器件方面，在结构灵活性、成品率与可控性方面，仍存在巨大的提升空间。毛细力驱动自组装等新型技术，对促进新型微加工技术的提升以及传统微纳加工技术的综合应用，具有重要的意义。

总之，上海未来5年的发展对纳米科技具有非常重大的需求，纳米技术不仅要在科学研究中领跑，也要在产业发展上引领方向；不仅要支持传统产业，更要扶植新兴产业。因此，结合纳米技术在应用中的特色和优势，上海大力发展纳米科技，可望在以下方面取得良好的效益：研发先进纳米功能材料、纳米环境材料、纳米能源材料、纳米生物医药材料、纳米信息材料、纳米检测技术与仪器、微纳加工技术以及航天与军民融合纳米技术；研制纳米技术标准与标准体系；建设纳米领域专业平台。

3.4　上海纳米科技发展的不足

上海纳米科技从 2001 年至今已有 10 多年的发展历史，在政府的重视下，设立了纳米科技发展专项，通过专项的布局，上海纳米科技的发展取得了一系列重要成果，多项学术与技术处于国内外领先地位，如纳米介孔材料、光催化材料、生物医药材料、药物递送系统、空气污染物净化材料和纳米氧化物材料的制备与应用等。随着纳米科技不断深入发展，各地对纳米科技的重视不断提高、投入不断加强，且注重对纳米科技人才的引进，使得上海在纳米科技领域所取得的创新性和应用性成果的数量和速度，已明显落后于国内一些地区，分析其原因主要有以下几方面：

（1）纳米科技前瞻性与原创性布局不足

近年来，上海纳米科技的发展总体处于国内前列，在国际上也具有很高的影响力。但是基本上属于跟踪性研究，源头性研究方向的研究力量比较薄弱，缺乏引领性重要研究方向、原创性研究成果与研究团队。

（2）基础研究与应用需求的脱节现象严重

虽然这是一个普遍长期问题，但确实是制约纳米科技走向应用的瓶颈。很多基础研究自身缺乏应用导向，实验室技术自身没有应用的可能。此外，一些有应用前景的研究成果和技术又无法得到政府或产业界的支持。另外，在促进科研成果转化、高校及研究院所与企业合作方面，缺少专业一体化的服务平台。这个问题可以从以下几方面具体论述：

A. 针对性投资投入不足，具有竞争力的研究成果稀缺

纳米科技的基础和应用研究需要大量、长期的经费投入，而纳米科技又是高风险投资的领域。目前，上海各层次的纳米科技研发机构都存在着重复投资、资源浪费、力量分散和交叉融合不够的问题，缺乏宏观调控、高水准的研发平台整体布局和统一规划，导致单独一个平台的水平不高。从上海目前对纳米科技的资助来看，主要还是针对一般性面上研发项目的规划布局，经费投入已远远落后于兄弟省市（例如深圳市在"十三·五"期间，每年将投入 2 亿元的专项资金来发展纳米科技）。而在基础性的研发设施和研发平台建设方面，缺乏宏观调控、高水准的研发平台整体布局和统一规划，目前，只有针对单件仪器的相关投入，而针对系统性的基础研发设施和研发平台建设的投资非常稀少，导致研究成果的技术水平与国际领先水平有一定的差距。

B. 应用方面布局不够，特别是对传统产业的支撑不够

上海纳米科技的研发力量主要集中在高校和科研院所，因此长期以来多注重基础研究，讲究多学科交叉，只关注解决纳米科技的基本科学问题，缺少市场需求为导向的布局，不太注重纳米技术相关产业的需求。

政府在面向国家与地方重点工程和重点项目方面，缺乏对纳米技术的相关应用布局和引导。例如，上海每年将在实验室产生数百项纳米科技成果，虽有不同层次的文章发表和专利申请，但缺乏将实验室的成果向应用性成果的布局与投入，最终导致大量的实验室成果只能停留在文章与手握专利层面。同时，上海纳米科技的发展与上海的传统产业结合也不紧密，缺乏密切的联系，导致上海地区传统大型企业对纳米技术关注较少，纳米科技成果没有对传统行业做到真正的技术支撑。

C. 缺少专业一体化"产-学-研-用"服务平台

目前，上海建立的纳米研究平台都是综合性的研究机构，缺乏专业引领国内纳米研发的能力，没有形成大学、研究机构和企业之间的联合，缺少面向社会产业、公共服务和国防等需求的纳米检测、表征、标准化、多学科交叉、产学研一体化的研究和服务平台。这就使得纳米科技研究的部署存在结构性的不均衡，纳米科技各研究方向发展不平衡等诸多问题。目前，大部分研究力量集中在纳米材料的制备上，而缺少产业化布局，与未来技术密切相关的纳米加工、纳米器件、纳米医药等领域的研究相对较薄弱。纳米材料、器件和纳米医药等领域间的交叉研究不够深入，应用研究的深度和广度也不够，基础研究成果向应用转化的程度依然偏弱。

由于产学研用一体化公共服务平台的建设滞后，技术创新成果的高效转移和转化机制尚未建立，导致纳米科技成果产业化的步伐缓慢，科研与生产应用之间脱节；同时，基础研究与产业化之间普遍缺少中试研究阶段，大量科研成果不能转化为现实生产力，很多先进纳米材料大多停留在实验室阶段，难以实现工程化、产业化和规模化。

针对目前存在的科研与生产应用脱节的问题，迫切需要建立专业一体化的公共服务平台来有效解决。国内不少省市已加大了纳米科技产业化平台的布局，目前已建成若干纳米产业区域，如北京纳米科技产业园和苏州工业园，以工业园区的形式打通了产学研用各个环节，其中苏州工业园成果斐然，在欧洲纳米大会上被列为世界微纳领域具有代表性的八大产业区域之一。

D. 缺少专业一体化"纳米科技成果评价"服务平台

纳米科技要进入快速健康发展，最关键是要得到企业的投入和支持。由于缺乏对纳米科技成果技术评价与标准服务，导致本地的国有大型企业对本土自主研发的纳米技术缺乏信心，或对纳米技术的前景缺乏信心，最终导致他们对纳米技术的应用缺乏热情；虽然一些小型企业有热情有需求，但缺乏资金实力，基本上不敢冒技术风险。因此，应加快建立具有专业性的"纳米科技成果评价"服务平台，营造纳米科技健康发展的环境。

（3）投入分散、投入强度不够，管理薄弱和机制体制创新不足

长期以来，上海纳米科技与材料产业的独立主体地位不够明确，行业管理、

财政、金融和投资等配套支持政策不够完善，行业统计、产品标准和应用设计规范体系不够健全。目前，纳米科技开发往往是被动地应对重大工程提出的需求，分散在各个应用领域，纳米科技的特性和通用性被忽略。由于纳米科技与材料产业的技术含量较高，风险较大，研发、生产和推广应用需要大量资金长期不间断的投入。因此，如何保障纳米科技发展的创新机制体制还有待充分完善，财政投入的强度还有待进一步提高，相关财税政策的激励和引导作用有待进一步加强。

（4）没有统一、长远和规范的纳米发展规划

纳米科技的发展需要长期战略性的投入，上海在这领域缺乏统一、长远和规范的发展规划。目前，上海纳米科技的研发力量主要集中在纳米材料的基础研究和应用研究方面，而在纳米粉体材料的化学来源、纳米材料现象和热力学定律关系、纳米材料自组装和特定微结构问题等尖端领域缺乏规划与研究，对纳米科技原创新和颠覆性研究缺乏长远布局。另外，在促进科研成果转化以及高校、研究院所与企业合作方面，缺乏统一、长远和规范的发展规划。

（5）人才的培养、稳定成长与引进面临挑战

目前，上海市人才培养与引进机制均聚焦于基础研究领域，缺少对应用型人才的激励体制。长期以来，上海市设立了扬帆计划、青年科技启明星、浦江人才计划、上海市领军人才和上海市青年拔尖人才等人才资助计划。但从评估体系来看，重点还是倾向于基础研究型人才，对于应用研究、产业化等方面人才重视不够，这对成果的应用以及对城市经济发展的支撑作用明显受到影响。

同时，由于大环境的影响，基础研究水平较高的青年人才常常选择西方发达国家或外地高薪地区，如广州、深圳等地，而上海地区科技创新型企业相对较少，也对应用型人才的培养和使用带来负面影响。此外，上海较高的生活成本也是影响人才引进和稳定成长的一个不可忽视的因素。

第四章 上海纳米科技未来发展战略

纳米技术是 21 世纪科技发展的制高点，它的发展将给新材料、环境、能源、电子信息、生物医药和制造业等行业带来革命性的变化。由于纳米技术对国家未来经济、国防安全、社会发展与人民生活都具有重要意义，世界各国纷纷将纳米技术作为 21 世纪科学技术创新的主要驱动器，相继制订了发展战略和计划，以指导和推进本国纳米技术的发展。

4.1 战略目标

上海纳米科技应紧紧围绕国家重大重点工程、国家"一带一路"重大战略以及上海科创中心的建设，重点发展原创性、关键性、颠覆性和通用性的纳米科技，推进纳米科技产业全链条攻关，服务于国民经济主战场，引领上海纳米科技的发展和升级换代，创造规模技术和经济价值。树立上海在纳米能源与环境、纳米新材料与生物医药等领域的国际标杆地位，力争在纳米检测技术与标准和仪器设备等领域实现突破跨越，跻身国际前沿。

未来几年，上海纳米科技发展应立足世界前沿，强化关键领域和重点方向的建设：在基础研究方面推进前瞻性研究，在纳米结构新材料与技术、纳米环境材料与技术、纳米能源材料与技术、纳米功能材料与技术、纳米生物医药材料与技术、仪器设备和检测技术与标准等方面形成具有重要国际影响的原创性成果；在应用方面围绕国家重大需求，在环境、能源、新材料、信息技术、生物医药、航天与军民融合等重要应用方面，实现一批具有自主知识产权的纳米材料与技术重要成果的应用与转化，促进纳米技术在绿色印刷制版、高密度存储器、疾病快速诊断、水净化、高效能源转化等方面的应用。实现纳米器件与技术的规模化应用，为国民经济和国防建设作出重大贡献。

打造纳米科技人才基地：拥有最具有全球影响力、国内顶级的纳米科技人才培养基地，为上海纳米科技的可持续和健康发展提供人才支撑。拥有一批具有国际影响力的纳米科技领军人才和专业人才，拥有若干个活跃在国际学术前沿、应用工程能力突出的一流科学家和领军人才组成的纳米科技创新团队；在基础研究领域，凸显一批发表高被引论文的国际著名专家学者；在应用和产业化领域，涌现一批工程化能力卓越的创业大师和工匠。

打造纳米科技领域发展平台：着力构建高校和科研机构为主体、企业为支撑、产学研用协同促进的上海纳米科技公共平台集群，整合资源，辐射核心功能，共享大型实验装置、大数据、技术与成果以及知识产权信息服务等资源，联合攻关纳米行业共性和关键技术难题，形成从基础研究、成果转化到产业化的全链条产学研用战略联盟和区域创新集群，努力打造国际知名、国内一流的纳米科技领域平台，成为上海科创中心的重要支撑力量。

打造纳米科技产业园：纳米科技是具有重大战略意义的新一代共性技术，纳米科技的发展将对传统产业的升级和战略性新兴产业的发展带来重大变革，形成纳米科技新兴产业，成为推动科技进步与经济发展的重要驱动力；在上海纳米科技发展的基础上，将建立纳米科技产业园，在纳米材料制备与应用、组织工程修复材料与应用、纳米化药物材料与应用、纳米环境材料与应用以及纳米能源材料与应用等方面取得重大应用突破，并实现产业化，在环境污染治理、国防工业领域、仪器装备和传统产业等领域凸显应用成果，为上海未来千亿元规模实体经济发展提供重大科技支撑。

上海纳米科技未来发展战略的出发点是：通过对纳米科技原创性、应用性、颠覆性和通用性的研究，来实现支撑科技创新、产业创新、服务创新，提升科技竞争、产业竞争力，培育新兴产业，创造就业机会，推动科技、社会和经济的可持续发展，为上海 GDP 维持 7% 以上的年增长率奠定基础。第一阶段是追赶战略，重点是人才培养和基础设施建设，确保上海的纳米科技拥有国际竞争力；第二阶段是赶超战略，使得上海成为纳米科技产业化的全球领导者之一，以纳米科技引领未来产业技术的进步与发展；第三阶段，逐渐成为纳米科技相关政策的制定者。

4.1.1 纳米功能材料与技术方向

纳米功能材料与技术方向的发展目标：3~5 年内建立具备一定自主创新能力、规模较大、设施配套齐全的纳米材料产业体系；突破一批国家建设急需、引领未来发展的关键纳米材料及其制备技术；培育一批创新能力强、具有核心竞争力的骨干企业，形成一批布局合理、特色鲜明、产业集聚的纳米新材料产业基地，对材料工业结构调整和升级换代的带动作用进一步增强。未来 5~10 年内，建立具备较强自主创新能力和可持续发展能力、产学研用紧密结合的纳米新材料产业体系，成为国民经济的先导产业，主要产品能够满足国民经济和国防建设的需要，部分纳米新材料达到世界领先水平，材料工业升级换代取得显著成效，实现纳米材料大国向纳米材料强国的战略转变。未来 5~10 年，预计将可为上海市带来直接经济效益超过 50 亿元，间接经济效益超过 100 亿元。

4.1.2 纳米环境材料与技术方向

纳米环境材料与技术方向的发展目标：3~5 年内实现纳米材料在研发、制备和使用全过程中的环境友好，提高资源能源的利用效率，并积极发展绿色纳米材料与技术在环境污染防治中的应用，实现其在空气污染控制、水质控制、土壤污染控制和噪声污染控制等领域的产业化；5~10 年内，建立起绿色环保的纳米材料产品开发、纳米材料的污染物净化核心技术与应用一体化协同创新合作平台，开发纳米技术及其产品在环境污染治理方面的绿色应用，推动纳米科技在环境保护领域的深入应用。未来 5~10 年，纳米环境材料与技术方向预计将可为上海市带来直接经济效益超过 20 亿元，间接经济效益超过 50 亿元。

4.1.3 纳米能源材料与技术方向

纳米能源材料与技术方向的发展目标：3～5 年内，构建现代城市多能互补的智慧能源系统，以提升能源系统综合效率为目标，推动能源生产供应集成优化，着力优化能源结构，将发展清洁低碳能源作为调整能源结构的主攻方向，注重清洁能源的快速开发，并形成科学合理的能源消费结构；5～10 年内，拥有特色和优势明显的纳米新能源技术研发中心，在太阳能转化为电能、化学能（如氢气、甲醇等），二氧化碳转化为甲烷等燃料，热能转化为电能，电解水制氢能以及有机小分子高效制氢等方面形成技术优势。发展新型多级结构纳米材料与器件，特别是用于电解水制氢和热电转换体系的纳米材料；发展多种具有自主知识产权的高功率、长寿命、低成本的先进储能体系及其相关材料。未来 5～10 年，预计在纳米能源材料与技术方向产生重大科研成果与进展，多项成果实现国际领跑态势，并为上海市带来直接经济效益超过 20 亿元，间接经济效益超过 100 亿元。

4.1.4 纳米信息材料与技术方向

纳米信息材料与技术方向的发展目标：3~5 年内，围绕现有的产业发展与升级的需求，以新型纳米材料与微纳制造工艺为基础，开发出一批新型纳米信息材料与器件并初步实现产业化，包括与现有集成电路产业中硅基工艺结合的新型纳米材料与低功耗柔性器件，以及新型纳米光电器件和传感器件等，实现新型纳米信息器件在电子产品、环境监测、食品安全、电子通讯与互联网等领域的规模性试用。5～10 年内，利用微电子和光电子紧密结合的方式，大幅度提高光电信息传输、存储、处理、运算和显示等方面的性能。未来 5～10 年，纳米信息材料与技术方向预计将为上海市带来直接经济效益超过 200 亿元，带动相关产业产值 1 000 亿元。

4.1.5 纳米生物医学方向

纳米生物医学方向的发展目标：3~5 年内，面向国家在生物医药领域的战略和临床需求，以提升纳米生物医学研究水平、占领国际学术制高点为目标，围绕纳米组织修复与替代材料、诊断与治疗纳米技术与产品、基因与细胞以及纳米生物安全性评价技术与标准等方面进行开发，通过协同创新与合作，争取有一批重要技术与成果取得原创性突破，多项成果达到国际先进水平；建立起国内一流、国际知名的纳米生物医学研究和学术交流基地，应用纳米技术革新现有诊疗技术，取得若干项颠覆性技术创新成果，并实现在临床上的应用，为人民健康与相关产业发展和社会进步作出贡献。5~10 年内，建立拥有多项国际领先技术的纳米生物医学研发平台，在相关学科领域具有突出的技术优势和特色，全面提升上海纳米生物医药产业创新发展的能力；在纳米技术成果转化应用方面，研制出多种具有良好应用效果的新型组织再生材料、体内外精准诊断纳米技术和新型抗肿瘤纳米药物等，预计实现 30~50 亿元的产业链，带动相关产业 GDP 快速增长和传统产业升级，预计产生 100 亿元规模的间接经济效益。

4.1.6 航天与军民融合纳米技术方向

航天与军民融合纳米技术方向的发展目标：3~5 年内，初步研制出能够突破传统黑体辐射效率的热窄带辐射器，实现在中远红外带宽的高效探测成像，促进超高灵敏光电复合探测技术、航天领域高分辨率空间探测器和高精度导航系统等技术的军民融合与推广；开展新型纳米材料制备技术的开发，包括超轻薄超强纳米合金材料、陶瓷基复合功能材料与导电等复合功能热材料，能够应用于苛刻环境下的轻量化、高性能纳米能源材料、新型纳米隐身涂层、纳米吸波材料、特种密封材料与多功能复合材料。在高精度航天功能结构器件性能提高和特种材料宏量制备上有所突破，对部分重点成果进行初步转化；实现相关微结构的超精密纳米加工与检测，为我国高分辨率探测、观测和精确制导能力的阶跃式提高给予支撑；同时积极将相关技术向民生产业转化，建立航空军民融合纳米技术研究基地。相关学科领域建立起突出的技术优势和研究特色，全面促进航天纳米技术的军民融合化。5~10 年内，在高性能纳米复合功能材料、超结构光电探测成像材料、纳米太阳帆与其他军民两用纳米材料器件上，实现一大批应用成果输出，为我国实现航天行业万亿元产值目标作出贡献，为航天与军民融合技术的转化作出贡献。

4.1.7 纳米检测技术与标准方向

纳米检测技术与标准方向的发展目标：3~5 年内，面向国家与上海市重大需求领域，建立纳米材料测量与检测的标准化体系，发展一批纳米检测新技术；补充和完善纳米材料与形貌结构关联的物理、化学、电学、声学、热学和生物学特性的检测标准；发展应用于材料表征、食品卫生、疾病诊断以及环境监测与控制等的原位、实时、动态快速检测技术；发展同步辐射 X 射线光学器件和束线技术，发展对材料的纳米操纵和显微成像技术，实现生物活体细胞实时、原位、三维的动态分析，医疗诊断、材料探伤和缺陷跟踪；建立标准物质的新型纳米长度量值溯源体系，提升纳米测量技术的可溯源性与准确性，发展应用于微电子、超精密加工中节距、线宽、台阶、膜厚等性能的测量技术；发展应用于半导体超大规模集成线路的互联和单个器件的精准检测技术。5~10 年内，建立起具有技术和装备优势的纳米检测与标准基地，成为国际上该领域重要的人才培养基地和技术交流服务基地，全面支撑上海纳米科技与产业发展所需的检测与标准体系，提升我国纳米科技与产业国际市场准入能力和国际竞争力，保障我国纳米科技健康可持续发展。未来 5~10 年，纳米检测技术与标准方向预计将为上海市带来 10~30 亿元的产值规模，撬动相关产业 100 亿元的经济规模。

4.1.8 微纳加工和微纳器件制备方向

微纳加工和微纳器件方向的发展目标：3~5 年内，围绕《中国制造 2025》规划与上海区域纳米相关产业的发展需求，攻克一批对微纳制造产业整体提升具有全局性影响、强带动性的共性关键技术，若干成果成为支撑新型微纳材料制备与器件加工的关键技术；在发展大面积和高分辨率创新制备方法方面，绿色制造技术逐步应用于高灵敏度传感器、柔性显示器与微纳机电器件等新型功能器件的制备中；在前瞻性和创新性研究方面，将建立具有综合特色的非标准化的微纳加工共享平台，满足辐射能源、信息、生物、医药等不同领域的科学研究需求，初步实现一批成果的应用。5~10 年内，在新型非标准微纳加工制备领域凸显技术特色和优势，所建立的微纳加工共享服务平台，成为该领域具有国际影响力的专家、工艺专业人才和市场检测人才的集聚与培养基地；在新型微纳加工技术方面实现重要突破，若干项技术成果在系统平台、成套仪器与系列设备中获得应用，全面推动智能化、高精密仪器设备等在环境、能源、军工、医疗、检测等有关产业中得以发展与运用。未来 5~10 年，该方向将预计产生亿元级规模企业若干家，支撑相关产业 100 亿元的经济规模。

4.1.9 纳米材料加工与检测关键仪器设备开发方向

支持产业技术升级换代的纳米仪器与设备方向的发展目标：3~5 年内，面向国家和上海市产业升级换代的发展需求，建立起纳米科学仪器和设备开发的基地；发展具有我国自主知识产权的纳米设备与仪器研发平台，以市场需求为导向，产业化为目标，结合纳米技术在环境、能源、信息、生物医药、航天与军民融合、检测与微纳制造等领域的原始创新及应用，集成机电自动化控制、智能制造等技术，构建纳米监控设备原理、核心关键技术、纳米材料产业化制备、系统集成、应用示范、工程化为一体的产学研开发链，发展一批具有自主知识产权的器件、设备和仪器产品。5~10 年内，建立拥有技术优势和特色突显的纳米仪器、设备和配件的研发支撑平台，发展具有多性能指标和多模式材料特性监控的测量技术，形成一批技术成果，具备开发成套设备与系列仪器能力，推动智能化高精密仪器设备等在相关科技与产业中应用，若干台拥有自主知识产权的设备进入市场，实现规模化应用，为国家重大战略需求和相关产业的发展提供技术支撑，全面提高我国制造业的自主研发能力与国际核心竞争力，大幅提升我国及上海市在纳米技术支撑产业技术升级方面的创新潜力与可持续发展能力。未来 5~10 年，该方向预计将为上海市带来 20~35 亿元的产值规模，支撑相关产业 200 亿元的经济规模。

4.2　主要研究内容与任务解读

通过 5 年的发展布局和实施，高质量的纳米科技创新成果将不断涌现，高附加值的新兴产业将不断产生，上海纳米科技的发展将形成自己特色和优势，支撑上海科技创新成果进入世界前列，推进上海建设成为具有全球影响力的科技创新中心。有望实现以下战略目标：

（1）围绕重点基础领域、战略性新兴产业以及国家重大工程建设，对纳米材料新技术的重大需求，加快纳米新材料研发，突破关键核心技术，形成一批具有国际领先水平的技术成果。

（2）逐步形成纳米技术应用的产业链，提升新兴产业规模和竞争力，形成一批纳米制造技术和重大应用中纳米材料性能检测的系列标准化方法与评价规范。

（3）建设一批纳米技术研发、应用和服务的创新平台，集聚全球优势资源，为技术研发、产业发展等提供支撑，增强纳米科技创新的后劲和潜力。

（4）培养和引进一批纳米技术相关人才，在多个纳米科技领域出现具有国内外影响力的领军专业人才、创业人才和管理人才。

围绕上海优势产业和发展规划，坚持前沿和应用导向，从以下几方面发展纳米科技，实现未来发展的战略目标。

4.2.1 纳米功能材料与技术方向

传统产业在今后相当长时期内仍将是我国国民经济发展的主体，是促进经济增长的基本力量。它不仅创造了绝大部分的产值、利税和就业机会，有着庞大的规模和雄厚的基础，而且是实现高技术产业化的载体，是高技术产业发展的重要基础。利用高新技术和先进实用技术可改造提升传统产业，促进传统产业结构优化升级，提高其技术和装备水平，为发展高技术与实现产业化提供重要保障和基础条件。

（1）纳米功能粉体（颗粒）材料

应用需求：①吸附分离；②高效非均相催化；③纳米药物载体与造影剂；④纳米光电材料等。

重点方向：①纳米功能粉体的制备与性能调控；②高效纳米催化材料；③纳米胶粒材料与溶胶；④其他特殊纳米粉体材料。

发展目标：发展新一代纳米材料的低成本绿色可控制备技术，实现其尺寸、晶态、形貌、纯度、表面缺陷和介观结构等可控；发展纳米材料规模化生产技术，如具有竞争力的黑色氧化钛、介孔氧化硅等纳米材料的宏量制备技术，3 年内实现吨级生产；重点突破纳米材料的高效单分散与应用技术，实现有关纳米催化材料性能的进一步提升，构建温和条件下 NO_x、HC 和挥发性有机物（VOCs）的高效消除净化方法，5 年内实现若干种纳米材料在环境催化净化、传统材料改性、清洁能源和生物医学等领域的应用与规模生产；发展无机纳米药物载体的批量化（千克级）制备技术，开展临床前安全性和药效评价；研究应用于汽车涂料，塑料加工以及高档油墨和印刷行业的（彩色）金属颜料，高档珠光颜料，新型晶片颜料，玻璃颜料，防伪颜料和红外反射（或透明）颜料，建立年生产能力吨级的生产线。

（2）纳米功能纤维

应用需求：①空气过滤；②防水透湿；③高温隔热；④防护过滤；⑤轻质保暖；⑥阻燃；⑦生物医用等。

重点方向：①纳米功能粉体在纤维行业中的应用关键技术；②防护纳米纤维；③高性能碳纤维与复合材料；④生物医用纳米纤维等。

发展目标：突破超细纳米纤维产业化关键技术、化纤柔性化高效制备技术；攻克纳米纤维防水透湿膜耐水压和透湿量难以同步提升的技术瓶颈，实现高耐水压、高透湿量纳米纤维防水透湿膜材料的连续化批量生产；突破全自动窄分布微纳米纤维关键技术和连续生产线，实现高效低阻，具有一定强力且透气 / 透湿性好的低阻防霾口罩、空气净化器用静电纺纳米滤芯、防雾霾纱窗等在日常生活与高端产品等领域中的应用；突破高性能芳纶纤维生产的关键技术，实现性能与进口产品相当的芳纶纤维的千吨级产能；开发出高效轻质的纳米纤维气凝胶保暖材料，制备出单件质量在 500 g 以下的超轻军用保暖服；制备形态结构可控、高稳定的纳米无机阻燃粉体，突破改性聚酯纤维的制备及其连续化生产关键技术，实现阻燃多重功能纤维在民用服饰、纺织品、军用作战服等方面的全方面应用，达到 1 万吨 / 年的生产能力；突破生物基纺织材料关键技术，研究具有持续传输、共价抗菌和组织细胞引导功能的，用于糖尿病足、静脉溃疡等世界性慢性难愈病症的高端技术型复合功能敷料等。

（3）纳米功能塑料

应用需求：①电子电器；②食品包装；③汽车与航空航天；④能源与环境领域。

重点方向：①高性能和功能化纳米复合材料与制备技术；②导热导电纳米功能塑料；③功能性和轻质化纳米复合塑料；④改性聚合物多元复合材料。

发展目标：发展结构功能一体化的纳米复合材料制备和工程应用技术，突破具有可保持 2 年以上 99.9% 高效长效抗菌性能的纳米抗菌塑料的规模化制备技术，拓展在家用电器、汽车、食品包装、医疗等领域的应用；突破石墨烯填料在导热导电塑料领域的分散难题，开发石墨烯基导热塑料，实现对换热器中铜管的替代；满足极端条件与轻质化需求，开发电导率可达到 10^{-6} S/cm 的白色无机导电塑料；发展国家具有迫切需求的汽车结构件用高性能聚合物纳米复合材料的低成本制备技术，对纳米杂化增强体的结构进行设计与可控制备，与在线成型技术结合，通过界面结构的设计与精确控制，3 年内实现高性能低成本的纳米复合塑料的产业化（≥ 2 500 吨 / 年规模），满足国民经济和国家汽车工业发展的重大需求。

（4）纳米功能涂层

应用需求：①航天航空；②交通设施；③海洋设施；④建筑工程；⑤电子产品。

重点方向：①纳米杂化功能涂层材料的关键制备技术；②海洋防腐涂料，长效防污、减阻海洋涂料；③形状记忆智能磁性涂料，自润滑和自修复智能涂料，智能调湿涂料等；④防覆冰、超黑和吸波涂料；⑤抗反射、防指纹和无机抗黏超硬的特殊功能涂料等。

发展目标：通过涂层表面的微观结构与形貌的设计，提高涂层的附着力与功能性，突破海洋重防腐、舰船长效防污和减阻涂料等功能的制备技术；发展防覆冰、超黑和吸波涂料制备技术，实现相关产品产业化生产，3 年内实现海洋高性能涂料、无机抗黏超硬涂层和防覆冰涂层等的产业化（≥ 2 000 吨 / 年规模）；发展自润滑、自修复智能涂料和智能磁性涂料制备的关键技术，并实现产业化；发展高强度耐久性的新型智能纳米调湿材料以及具有除异味、除甲醛等多功能的智能调湿涂料，形成纳米智能调湿材料质量控制标准和产品技术规范，建成一条纳米智能调湿材料中试生产线；突破高性能汽车面漆（如水性、耐划伤、耐紫外线、耐酸雨）以及电子产品表面涂层的制备关键技术，5 年内实现海洋防腐涂料、长效防污减阻涂料、特殊功能涂料和高性能汽车面漆的规模化生产（≥ 5 000 吨 / 年规模）。

（5）纳米复合水凝胶

应用需求：组织工程学。

重点方向：具有可控纳米结构的水凝胶材料。

发展目标：立足于水凝胶材料的结构、形貌、强度等性能的可控研究，探究生物体软组织高度取向结构，指导取向纳米复合水凝胶的设计，发展特征水凝胶的新性能，实现纳米结构的可控制备，使材料的综合性能达到国际领先水平；在水凝胶材料的可控制备基础上，通过引入不同维度的纳米响应基元，利用磁场、电场、机械力、定向冷冻、自组装等策略有效诱导取向，获得大尺度范围内，三维长程有序的取向结构；3 年内实现纳米复合水凝胶的批量化制备，并制定该领域的新标准；5 年内使这些新型水凝胶材料能够在化妆品、整容等领域内得到初步应用。

4.2.2 纳米环境材料与技术方向

与普通材料相比，纳米材料对环境的影响能力更大，这使其在环境污染预防和治理领域具有重要的应用价值。因此，纳米材料可用作促使环境污染物迁移转化的催化剂、吸附剂等，采用纳米技术可实现环境中污染物的高效净化。

（1）用于典型废气治理的纳米材料与技术

应用需求：典型废气治理。

重点方向：①纳米净化材料与技术；②成本低、工艺简单的污染物多功能净化技术。

发展目标：开发高效纳米净化材料与技术，发展污染物多功能净化技术，简化治理工艺、降低治理成本，3~5 年内开发的净化材料能够实现对污染物的高效净化，治理后的典型废气排放达到或优于国家标准；开发低成本的多功能净化工艺。10 年内将典型废气排放明显优于国家标准。

（2）半封闭空间机动车污染物净化的纳米材料与技术

应用需求：半封闭空间（车库、公路隧道）的空气净化。

重点方向：①半封闭空间机动车排放污染物 CO、NO_x 和 HC 的低成本快速检测技术；②以上各污染物的常温净化，高性能的除尘技术，纳米催化与吸附净化材料；③自循环或集中式半封闭空间污染物治理的集成技术。

发展目标：发展半封闭空间机动车排放颗粒物 PM 的高效去除技术，发展 CO、NO_x 和 HC 的低成本快速检测技术，开发常温净化的纳米催化或吸附材料，开发各功能模块高度集成技术，或多功能模块技术。3~5 年内实现半封闭空间机动车排放污染物高效净化，半封闭空间内空气质量达到或优于相关标准，且无污染物排放等二次污染。10 年内实现半封闭空间空气质量明显优于相关标准，且无二次污染。

（3）用于室内空气深度净化的纳米材料与技术

应用需求：室内空气净化技术。

重点方向：①室内环境低浓度、复合性空气污染物多功能治理的纳米材料与技术；②针对 VOCs 可以进行有效富集与高效去除的环境纳米功能材料与技术。

发展目标：发展室内空气污染物净化的多功能技术，3~5 年内，开发的室内空气净化技术与净化材料满足对室内空气质量优良率达到 95% 以上的需求。10 年内发展低成本的多功能工艺制备技术，开发的净化材料为实现室内环境空气质量优良率接近 100% 提供技术支撑。

（4）用于水质控制的材料与技术

应用需求：①水污染控制；②水环境保护；③饮用水安全保障。

重点方向：①研发纳米技术的自然水体或工业废水中低浓度抗生素、农药和重金属等的新型快速检测方法；②发展用于水中污染物富集与高效去除的低成本纳米功能材料与技术；③在水生态环境修复与保护、水污染全过程治理、饮用水安全保障、水资源综合利用和长效管理机制等方面，研发一批关键集成技术以及整装成套的水治理技术和设备。

发展目标：发展高效吸附剂、催化剂、絮凝剂和多功能化膜等纳米材料以及以微纳米气泡为代表的先进纳米技术与联用技术，加强新型纳米净化材料和技术的开发，3~5 年内，实现江河湖海等自然水体的高效低成本治理，拥有消除劣Ⅴ类水体的实用技术；发展新型高效低廉无害化纳米技术的水处理协同技术；3~5年内，实现工业废水与生活污水的多目标高效处理；利用等离子激元和上转换发光等技术，开发具有宽光谱响应的高效光催化氧化技术，3~5 年内，实现成本更低、效果更好的纳米环境高级氧化技术；发展对于重金属污染进行快速检测的纳米技术，开发面向典型工业重金属废水治理用的快速大容量纳米晶吸附材料，3~5 年内，实现典型重金属废水综合治理应用示范工程；发展水体中不同种类的抗生素等进行快速检测的纳米技术，开发对于水体中的抗生素等进行快速富集的纳米功能材料，3~5 年内，实现对水体中的抗生素等进行有效治理。

（5）用于受损土壤污染检测与高效修复的纳米材料与技术

应用需求：受损土壤污染物的检测与修复。

重点方向：①土壤污染物分离、检测和甄别的纳米材料与技术；②不同污染物与纳米材料选择性的作用机制；③高效修复土壤作用的纳米材料和修复技术。

发展目标：发展土壤污染检测与高效修复的纳米材料与技术，开发土壤污染物分离、检测和甄别的纳米材料，开发高效修复污染土壤的新型纳米材料，实现部分技术开始应用示范，10 年内，全部技术达到应用要求。

（6）用于多种污染物快速识别与检测的纳米材料与技术

应用需求：①污染物的选择与相互影响机制；②多种污染物的同时检测。

重点方向：①构建具有特殊结构与形貌的纳米材料；②具有多种污染物的原位、快速、高灵敏识别与检测的纳米材料与技术；③小尺度探测元件与阵列；④可实用化技术。

发展目标：发展高灵敏、高分辨、消除污染物间交叉影响的探测元件与探测元件阵列，开发具有特殊结构与形貌的纳米材料，3~5 年内，实现对多种污染物同时实时检测和痕量检测。

（7）用于污染物回收与利用的纳米材料与技术

应用需求：污染物回收与利用。

重点方向：①用于污染物回收与利用的纳米材料与技术；②实现绿色治理、杜绝二次污染的联用技术或新技术；③形成若干可实用化技术，实现示范应用。

发展目标：发展高值废弃物转化技术，开发对污染物可回收与利用的纳米材料，实现部分技术开始应用示范，5 年后，全部技术达到应用要求。

（8）用于噪声污染控制的纳米材料与技术

应用需求：噪声污染控制。

重点方向：①高效降噪技术；②新型纳米降噪设备；③新型纳米降噪材料。

发展目标：发展控制噪声污染的纳米技术，开发可降低噪声污染的纳米材料，实现部分技术开始应用示范，工业噪音在标准条件下降低20%。5年后，所研发技术达到应用要求，工业噪音在标准条件下降低50%。

（9）纳米材料全生命周期管理的集成技术

应用需求：①环境影响和风险问题；②二次污染效应。

重点方向：①纳米材料全生命周期的环境影响和风险问题；②二次污染的捕集和回收转化的关键技术；③纳米环境材料废弃物高效回收利用的工艺技术。

发展目标：发展纳米环境材料，特别是含有贵金属纳米环境材料全生命周期的环境影响与风险管理的方法与技术；研究开发纳米材料的二次污染效应并实现其监控应用；实现相关高价值纳米环境材料的回收再利用。5年后，开发的纳米材料能够实现全生命周期的管理，并提供相关应用的成套技术体系。

4.2.3 纳米能源材料与技术方向

国家"十三·五"科技规划已将新能源汽车与储能关键材料和体系作为发展的重要方向，并给予重点支持。据统计，新能源汽车用锂离子电池每年将产生千亿元的市场，同时还将拉动上下游整套体系的蓬勃发展。因此，锂离子电池与关键材料、燃料电池与关键材料、太阳能电池与关键材料、清洁能源转换（电解水制氢和热电转换等）与关键材料（非贵金属催化剂）、新型储能体系与材料和应用（锂硫、锂空、钠离子电池等）、超级电容器与关键材料等热点已成为行业研究的重点。

（1）能源转换用纳米催化材料

应用需求：①高效纳米催化剂；②高效催化新方法；③催化表征手段。

重点方向：①具有特定结构和功能的新型纳米能源催化剂与高效催化新途径；②催化剂纳米结构与外场对催化过程的影响和调控；③原位动态能源催化精准表征手段；④纳米结构光电催化剂结构和功能的调控。

发展目标：发展纳米能源催化材料制备与能源催化反应过程的新工艺，实现甲烷高效活化、合成气高选择性转化和CO_2（光电）催化转化，实现C-O、C-C或C-H的高效选择性转化；发展具有实际工业应用价值的纳米能源催化材料，实现甲醇等小分子的高效低温活化制氢和相关纳米能源催化的工业应用；发展新型含氟纳米能源转换与存储材料的合成策略与组装技术，实现电能与化学能、热能之间的高效转换；发展新型有机无机杂化体系以及半导体和金属纳米电催化剂的合成新策略，实现直接利用太阳光对H_2O、氮气（N_2）和CO_2等环境分子进行光电催化转化，其效率比目前国际水平有显著提高。

（2）电解水制氢技术

应用需求：①高效廉价非贵金属催化剂；②催化过程表征方法；③高附加值电解水制氢过程。

重点方向：①新型特定结构和功能的非贵金属催化剂的设计开发；②非贵金属催化剂活性位点的精准调控；③高分辨原位动态制氢过程的表征方法；④催化制氢与有机物氧化相耦合的高附加值电化学过程。

发展目标：发展制备新型非贵金属制氢催化剂与精准调控催化活性位点的新策略，实现具有高催化活性和高稳定性的非贵金属催化剂对传统贵金属催化剂的替代；发展电化学制氢过程实时动态监测手段，精确表征反应过程中催化剂的结构变化，阐明电解水制氢过程的反应机制；发展新型高附加值的电催化制氢过程，实现氢气制备与乙醇等有机化合物的转化反应同步进行，显著提升电解水制氢的工业应用价值。

（3）热电转换技术

应用需求：①高性能有机热电转换纳米材料；②材料的结构 - 性能关系与热电转换机制；③材料聚集态结构的表征手段。

重点方向：①高性能有机热电转换材料的结构设计与合成；②有机材料的纳米化与聚集态结构调控；③材料的结构 - 性能关系与热电转换机制；④材料聚集态结构的精确表征手段。

发展目标：发展新型高性能有机热电转换材料，构筑热电转换功能单元器件，实现有机材料的纳米化、纳米复合与聚集态结构调控，相对独立地调控热电转换材料的各项参数；发展有机纳米热电转换材料聚集态结构的精确表征方法，揭示材料的结构 - 性能构效关系与热电转换机制，为新型有机纳米热电转换材料的研发提供指导；发展若干新型有机纳米热电转换材料、功能构筑单元与集成器件，实现有机纳米热电转换材料在温差发电与热电制冷等方面的初步应用，使其热电转换效率（热电优值）达到国际领先水平。

（4）储电技术

主要是高安全性动力 / 储能锂离子电池储能器件和锂硫、锂空、钠离子电池、液流储能电池等新一代二次电池等。

应用需求：①提高高温、低温、充电和放电的一致性；②高充电倍率；③提高能量密度；④提高电池的寿命；⑤提高电池的安全性能；⑥降低电池成本技术；⑦电池二次回收利用技术。

重点方向：①高镍三元材料、富锰三元正极材料以及纳米硅碳负极材料；②功能电解液开发；③纳米复合隔膜材料；④纳米固体电解质膜材料；⑤水系锂离子电池纳米材料；⑥新型纳米薄膜材料；⑦石墨烯基锂硫电池。

发展目标：发展高比容量锂离子电池材料规模制备技术，实现能量密度

＞500 Wh/kg、循环寿命＞1 000次的新一代锂二次电池技术与水系锂离子二次电池规模储能的工程示范；发展具有高离子导电率（10^{-3} S/cm）、宽电化学窗口（5V）的新型固体电解质；5年后实现纳米固态电解质锂电池的制备和运行，能量密度达到500Wh/kg以上，循环＞1 000次，能量效率＞90%，实现在电动汽车上大规模使用，电池性能与国际先进水平接轨。

（5）太阳能电池

应用需求：①太阳能电池；②超薄晶体。

重点方向：①无铅（Pb）或低Pb高效有机无机杂化钙钛矿型太阳能电池；②太阳能电池中光电耦合机制和陷光纳米结构与柔性器件中的纳米结构、界面、机械特性等共性技术；③高效晶体硅太阳能电池中界面和场效应机制；④超薄晶体硅薄膜产业化制备关键技术；⑤新型高效太阳能电池材料和纳米结构的精准调控。

发展目标：发展高效晶体硅太阳能电池，实现产线效率＞23%；发展大面积（＞1 m^2）硅薄膜（≥15%）、铜铟镓硒（≥17%）、碲化镉（≥17%）、钙钛矿（≥15%）等薄膜电池，实现无Pb钙钛矿太阳能电池效率（≥5%）和热、湿稳定性（＞1 000小时）；发展柔性光伏器件产业化的共性技术与相关工艺和装备，自主研发结合引进消化吸收，实现其中1～2种电池光的电转换效率达到国际领先水平。

（6）燃料电池

应用需求：①燃料电池纳米电催化剂；②质子交换膜和膜电极技术；③备用电源和车用燃料电池技术。

重点方向：①低铂（Pt）、非Pt和非贵金属燃料电池纳米电催化剂；②低Pt、超低Pt纳米结构膜电极技术；③低成本、高稳定性非氟质子交换膜；④高效阻醇质子交换膜和膜电极技术；⑤纳米固体电解质的中温固体氧化物燃料电池技术。

发展目标：发展Pt/C电极的低Pt质子交换膜燃料电池，实现膜电极Pt用量＜0.2 mg/cm^2与膜电极寿命＞1 000小时；发展抗CO中毒阳极催化剂和抗氧化阴极氧还原催化剂，实现燃料电池功率＞0.6W/cm^2与寿命＞3 000小时；发展稳定性的非氟质子交换膜，实现Fenton试剂80℃下浸泡4小时残留率＞99.9%、质子电导率＞0.06S/cm@25℃；发展固体氧化物燃料电池，实现3kW级系统集成与示范应用，实测寿命＞3 000小时；发展燃料电池研发基地，5年后实现低（非）Pt燃料电池应用示范，成为车用动力来源的首选之一。

（7）储氢技术

应用需求：储氢材料与储氢系统。

重点方向：①锂（Li）、钠（Na）、硼（B）、氮（N）、镁（Mg）、铝（Al）等轻质元素的新型高氢量纳米储氢材料（络合物或胺/亚胺基材料）；②纳米储氢材料合成的新方法和新技术；③储氢材料的低成本高压储氢容器的结构设计和加工技术。

发展目标：发展高容量固态纳米储氢材料，实现吸放氢温度＜200℃、可逆储氢量＞7 wt%、循环寿命＞1 500次；发展大容量储氢瓶装置，储氢容量＞40千克（氢气），储氢瓶内纳米材料储氢量＞2.7 wt%，循环1 500次，容量保持率＞90%，突破40千克级大容量储氢瓶在特种场合的实际应用；5年后实现自主加工储氢装置的规模生产与应用。

4.2.4 纳米信息材料与技术方向

纳米信息技术与未来上海电子信息科技与产业发展关系密切，目前，上海的电子信息、集成电路、微技术加工和仪器装备产业发展迅猛，纳米信息技术有望给这些行业带来新技术支撑。布局好研究目标与重点，对"十三·五"纳米信息技术领域的发展至关重要。

（1）电子信息产业发展基础纳米材料

应用需求：电子信息技术发展对功能性纳米材料的需求。

重点方向：①新型纳米信息材料；②纳米抛光材料；③电子浆料与电子墨水。

发展目标：发展新形貌结构特征、具有新型功能的纳米信息材料，实现纳米信息材料的新功能和低成本化，满足信息行业发展对新型材料的综合需求，高性能纳米抛光材料、电子浆料和电子墨水等领域实现规模化生产，5年后基本上实现进口材料的替代。

（2）新型纳米电子材料与器件集成

应用需求：现代电子信息产业对新型纳米电子材料与器件的需求。

重点方向：①高性能超柔性半导体薄膜的规模化生产；②新型低维晶体材料和电子元器件的制备；③兼容CMOS技术的非挥发逻辑新材料、纳米结构和集成方法；④纳米电子器件的有效化集成。

发展目标：发展高性能超柔性半导体单晶纳米薄膜（＜100 nm）大规模转印（晶圆级）加工技术和工艺，实现结构完整、性能优异的低维度晶体薄膜；发展与CMOS技术兼容的加工工艺，实现对纳米电子器件的高效组装，5年后实现高性能低维纳米材料在电子器件的成熟应用，形成一定的产业规模。

（3）新型纳米传感材料与器件

应用需求：环境监测、食品安全、航天、汽车和军工等产业发展的要求。

重点方向：①新型纳米材料的光、电、磁、化学与生物活性等特征；②新型气体敏感材料及其NEMS/MEMS器件的制备；③高灵敏度生物传感材料与检测器件的生产；④智能纳米材料与器件、高性能微纳传感器、传感器阵列及其光电系统集成。

发展目标：发展结构新颖的纳米材料，实现纳米材料光、电、磁、化学与生物活性等新特征；发展气体敏感材料与NEMS/MEMS器件制备的新技术工艺，实现纳米气体敏感材料与器件的应用示范。5年后实现在环境监测、食品安全、汽车电子和军工等领域中的应用，部分传感材料与器件形成一定量的规模化生产。

（4）柔性纳米电子器件与集成系统

应用需求：①能量存储；②信号转换；③信息交互。

重点方向：①新型柔性纳米信息材料；②柔性纳米电子器件。

发展目标：发展新型柔性智能可穿戴纳米材料与器件，实现智能器件与服装的良好复合，满足智能服装对穿着性、洗涤性、耐久性等方面的要求；开发纤维状高功率密度能量转换器，制备智能发电织物，高效收集人体生物机械能，实现可穿戴电子产品的自驱动或自供电功能；开发智能电子皮肤、织物传感器、弹性织物电路和柔性织物天线，发展柔韧、轻质、高强的碳基（碳纳米管和石墨烯）纤维及其集成器件，将硅平面工艺和连续化规模生产工艺相结合，实现碳基纤维与器件的导电性能 > 10^4 S/cm、拉伸强度 > 1 GPa 的目标；发展具有不同功能的纳米纤维和纳米薄膜集成器件，实现自供电系统能量转换和储存效率约为 5% 的目标；发展具有高灵敏度的可穿戴纳米压电传感检测系统，实现对人体健康状况（如脉搏、心电功能、脑电波、血糖、pH 和乳酸等）的实时跟踪和分析。

（5）新型纳米光电材料与器件

应用需求：光电产业对材料的性能要求和未来新型显示系统发展的要求。

重点方向：①低维纳米材料及其在光逻辑器件、全光开关、红外光电探测领域的应用；②现有低维纳米发光材料的产业化应用（与 CMOS 工艺兼容）；③新型低维纳米材料的显示与成像器件研制；④新型纳米光电子器件与系统集成。

发展目标：发展量子点材料的平板显示器件制备技术与工艺，实现开发平板显示器件样件的示范应用；发展低维材料、全光开关、红外探测等的器件制备技术与工艺，并实现与 CMOS 工艺兼容的 LED 显示系统的制备与应用示范；发展新型光电转换机制的纳米级像素成像芯片，突破可见光衍射极限。5年后，开发出纳米半导体技术的高分辨 X 射线衍射光谱与成像系统样机，实现量子点显示平板的规模化生产。

4.2.5　纳米生物医学方向

随着经济和社会的发展，人民生活水平不断提高，越来越多的人更加关注健康。而纳米生物医学技术的发展突破了一些疾病传统诊疗的瓶颈问题，尤其对恶性肿瘤早发现、早诊断、早治疗起到了推动作用。因此，未来5年布局好纳米生物医学技术的发展，对未来上海诊疗技术的提升与发展关系密切。

（1）组织修复与替代纳米材料

应用需求：①纳米生物材料新功能与应用；②人工器官材料；③新一代医疗器械。

重点研究：①纳米生物材料结构、形貌与性能；②纳米仿生组织工程支架制造技术；③组织替代材料；④ 3D 打印生物材料；⑤具有组织诱导功能的纳米生物医学材料；⑥手术医疗器械等。

发展目标：对口腔科应用的纳米复合材料、黏结剂、牙髓密封材料以及牙齿再造材料，所开发的口腔科应用系列纳米生物材料要具有良好的理化与生物学性能，实现一定量的规模化生产和临床应用；对人工血管应用的新型纳米生物材料及其制备技术和新工艺，对骨科应用的新型纳米生物材料及其制备技术和新工艺，开发的人工血管和骨科生物材料要具有良好的替代性与生物安全性能，实现一定量的规模化生产和临床应用；还要发展多种具有组织诱导功能的纳米生物医学材料、新型 3D 打印材料、新型组织工程材料和新一代植介入医疗器械。5 年后实现包括多种组织替代物与功能修复物、个性化定制增材制造产品和新一代植介入医疗器械、新型功能药用辅料的问世；建立与完善纳米生物医学材料临床应用标准体系，实现多材料多产品一定量规模产业链的构建。

（2）诊断、治疗纳米技术与产品

应用需求：①纳米诊断技术与检测系统；②纳米医疗器件；③纳米递送系统。

重点方向：①单分子检测；②自动化核酸、蛋白检测；③实时、高精度诊断系统和产品；④靶向和控释纳米药物；⑤理疗纳米系统。

发展目标：①发展癌症成像检测与早期诊断新技术，与传统诊断方法相比，有助于对治疗的实时监控，临床上可提前发现一些癌症细胞，如在化疗后对残余或转移的癌细胞检测，采用新型荧光磁性纳米探针追踪体内树突细胞导向到淋巴结的迁移过程等技术；发展心血管疾病治疗的新技术，实现在细胞水平上探究治疗各种心血管疾病的方法，监测和响应由心脏或炎症反应所产生的复杂免疫信号，以此检测各类心脏疾病，并研究其发病机制；发展蛋白质表达水平检测技术，实现上百种蛋白质表达水平的高通量检测；发展个性化基因诊断新技术，实现由电化学传感器检测由基因突变所引发疾病的方法；发展重大疾病早期快速诊断试剂，在检测灵敏度和准确度方面进一步提升，实现对多种新类型疾病生物标志物的多通道批量检测。5 年后上述纳米技术的多种检测方法与手段，以及多种适用于早期快速诊断的方法与产品的问世；发展引领医学诊断领域的战略性核心新技术，建立起凝聚了纳米技术、临床诊断和医学诊断龙头企业的纳米医学诊断技术工程研究中心，铸就一个成功、可持续的发展模式，即科学研究 - 技术开发 - 成果转化模式。

发展目标：②发展分子马达新技术，实现由生物大分子构成并利用化学能进行机械做功的纳米系统，实现生命体活动的体外模拟，包括肌肉收缩、物质运输、DNA 复制和细胞分裂等；开展纳米颗粒 - 生物界面作用和纳米颗粒 - 环境因素作用的研究，实现能够特异性穿过生物屏障，并进入病灶组织或疾病细胞的功能化靶向纳米载体材料和纳米机器人；发展药物递送新技术，实现药物溶出的显著改善，提高药物的生物利用度，绕过某些生理屏障，增强药物利用效率；发展基因治疗技术，实现递送效率高且导向性显著的效果；发展具有主动靶向功能的药物载体材料和安全高效的包载化学药、生物药的纳米药物，实现对重大疾病，如肿瘤的有效治疗；发展单分散安全的无机纳米材料，实现理疗纳米系统具有较长的血液循环时间，进入肿瘤后能够特异性地响应肿瘤的微环境，掌握其在肿瘤部位的有效富集、化学反应导致肿瘤细胞的变异、凋亡的化学动力学和生物学机制；发展代谢性疾病，如糖尿病的新疗法，开发纳米医疗器件实现血糖的实时检测和调控。5 年后实现利用细胞和组织工程技术开发纳米仿生药物，掌握纳米药物生物相容性和有效性的关键影响因素，实现纳米药物产品一定规模产业链的构建。

（3）基因与细胞相关纳米技术

应用需求：①纳米技术与基因技术；②纳米技术与干细胞及细胞治疗技术。

重点研究：①纳米技术干预基因表达调控；②基因纳米载体；③纳米辅助基因测序和检测；④纳米技术的干细胞分离与分化；⑤干细胞纳米载体；⑥干细胞影像示踪；⑦干细胞治疗技术。

发展目标：①开展纳米技术改造天然带有孔道的蛋白或者合成纳米孔，进行单分子测序技术的开发和应用，实现传统测序技术所需要的扩增能力，实现低成本、高准确率直接测定核酸；发展纳米材料对细胞的黏附技术，实现体内调控细胞的可控分化与组织修复；发展高效负载 RNA、DNA 和细胞活性因子等的纳米载体材料，实现高效安全的治疗效果；发展基因工程技术，实现基因工程药物、纳米辅助基因快速测序、纳米颗粒调控细胞信号通路和调控机体免疫反应技术的全面发展。5 年后实现开发的纳米基因技术与产品全面支撑临床需求，为个性化诊断、分析治疗效果和提前预防疾病的市场需求奠定技术基础。

发展目标：②发展二维、三维纳米结构调控干细胞增殖与分化的新技术，实现纳米材料作为生物分子载体诱导干细胞的迁移与定向分化；发展纳米颗粒促进干细胞分离、纯化和富集技术；发展利用纳米材料作为干细胞载体，实现提高生物载体功效与降低药物不良反应等；发展新型量子点和纳米造影剂等，实现对干细胞的标记和示踪；发展纳米微环境下干细胞培养、转染、分离、检测和跟踪成像等技术，掌握纳米材料与干细胞的生物效应之间关系。掌握纳米材料的干细胞毒性和安全性评价，以及纳米材料与干细胞相互作用的机制，5 年后实现开发的纳米干细胞技术与产品全面支撑临床疾病的治疗。

（4）纳米安全性与功能评价

应用需求：①纳米安全性评价技术；②纳米安全性评价标准。

重点方向：纳米生物医学技术评价标准的建立（细胞与亚细胞水平、组织水平、整体动物水平）。

发展目标：建立并完善纳米生物医药材料、纳米诊断与治疗药物等生物安全性评价技术体系、实验规范和评价标准，形成一整套科学完整的实验室认证体系，实现对纳米生物医药材料、纳米药物与技术的标准化评估；开展新增纳米生物医药材料及其衍生产品录入与标准的制订。5 年后建立一个完整、规范、系统的标准化评估纳米生物医药材料与技术的体系，支撑纳米生物医药材料、纳米药物与技术的快速健康发展。

4.2.6 航天与军民融合纳米技术方向

航天与军民融合方向是未来纳米技术发展与应用的重要方向，航天领域对材料轻质化、防辐射性、高力学性能、高抗腐蚀性和综合光、电、声、磁性能的超高要求，使航天领域也越来越多地引入了纳米技术。随着军民融合技术的逐步开放，未来 5 年迫切需要纳米技术在航天与军民融合领域的健康合理布局，对上海航天与军民融合的提升与发展关系密切。

应用需求：①高分辨率空间探测材料与器件；②轻量化、高性能的陶瓷基复合功能材料；③耐腐蚀、抗辐射、耐冲击和吸波等特殊纳米功能材料。

重点方向：①能够突破传统黑体辐射效率高效成像的热窄带辐射材料与器件；②陶瓷基和金属基的超轻超强导热纳米复合功能材料；③用于特殊场合的特种密封与防护材料；④适用于苛刻环境下的抗辐射材料、吸波涂层和固体添加剂；⑤在苛刻环境下使用的纳米太阳帆等新型器件。

发展目标：研制出能够实现突破黑体热辐射效率的中远红外窄带热辐射器的超结构与阵列；获得一批能够在苛刻环境下使用的特殊功能纳米材料，适用于航空领域中不同的极端环境，实现纳米特殊材料的研制、样品制备与初步应用上的重大突破，掌握若干关键技术。5 年后在航天与军民融合产业上，实现多种纳米特殊材料在航天装备产品中获得实际应用，并逐步向民生产业推广的目标。预计可产生 500 亿元的直接产值和 5 000 亿元的间接产值，研发成果能够支撑我国航天与军民融合产业的快速发展。

4.2.7 纳米检测技术与标准方向

随着我国经济与科技的快速发展，人们对生活质量和生态健康的要求逐步升高，对使用产品质量评价需求全面提升，特别是对产品安全性的关注度越来越高，产品对环境影响的意识也不断提高。因此，未来 5 年布局好纳米检测技术与标准的发展，对于上海经济与市民健康发展关系密切。

（1）检测手段建设

应用需求：①测量技术与方法；②仪器设备。

重点方向：①原位、实时和动态快速检测技术；②跨尺度的测量技术；③多尺寸显微成像技术；④智能化仪器与软件。

发展目标：发展检测纳米材料特性、有效调控纳米材料组成、形态（聚集态）和各类响应特性的检测技术与方法，实现纳米材料的空间分辨和时间分辨的表征技术以及纳米尺度的光、电、热、磁、力等物性的综合表征和基本物性的定量化测量与应用；发展物理模型的计算纳米测量方法、光学测量法、电子测量法和探针测量法等关键技术，实现纳米检测的准确性与可靠性；发展智能仪器设备及关键检测技术，实现具有多指标和多模式性能的仪器开发与生产，实现开发的检测技术与设备在食品卫生、疾病控制、环境监控和智能制造等领域应用示范。5年后开发的仪器设备开始批量生产，拥有的技术全面支撑上海科创中心的建设。

（2）标准体系建设

应用需求：①标准体系；②测量标准。

重点方向：①相关领域标准体系；②纳米标准物质研制。

发展目标：发展纳米技术领域国家标准，包括纳米尺度测量、纳米尺度加工、纳米尺度材料、纳米尺度器件和纳米尺度生物医药等方面的术语和定义等基础性标准，定量检测与表征的纳米技术标准，产品安全性、功能性、操作环境和材料规格等纳米产业标准，实现以国家标准规范纳米技术的科学实验研究、规范检测技术的检测标准，规范纳米产品的生产标准和质量标准；发展原子光刻、同步辐射软 X 射线干涉光刻和多层膜光栅等先进光刻技术，研制系列自溯源型纳米标准物质，实现新型纳米长度量值溯源体系的建立；发展从基础标准到应用标准的标准体系，完成系列国家一级、二级纳米标准物质 / 标准样品，主持制定纳米技术国家标准 3~6 项，主导制定国际纳米技术标准（ISO，IEC）1~3 项，建设标准化试点示范企业 10~20 家。5 年后主持制定纳米技术国家标准 8~15 项，主导制定国际纳米技术标准（ISO，IEC）3~10 项，建设标准化试点示范企业 20~40 家。

4.2.8　微纳加工和微纳器件制备方向

微纳加工和微纳器件制备的发展具有重要的战略意义，针对上海急剧增长的高端制造业发展所需关键技术的研发与改进，能够确保上海在新型制造业领域的技术优势和资源优势，有助于保持上海的工业基础，满足上海与全国制造业发展所需的技术。因此，未来 5 年对微纳加工和微纳器件方向发展的布局，与上海高端制造业、经济发展的关系密切。

应用需求：①微纳加工技术；②微纳集成器件。

重点方向：①电子束高速图形化与技术；②大面积浇注、大面积图形转移和压印类创新加工技术；③新型微纳加工技术与工艺；④仿生功能结构与器件。

发展目标：重点发展电子束高速图形化技术、大面积和高分辨率图形化的创新加工技术与工艺，掌握复杂多级次结构的低成本、可设计、大面积可控制备的关键技术与工艺，实现在相关产品制备上的初步应用；发展与现有平面制备工艺相兼容的加工技术、图形转移技术、压印技术和微纳加工新技术；掌握仿生功能结构与器件、高灵敏传感器、柔性显示器和新型功能器件等加工技术，实现关键设备的自主开发，部分器件获得产品应用示范。5 年后实现所开发的技术与器件开始得到广泛使用，所研制的微纳加工技术与器件产品全面支撑上海高端制造业、微电子行业、环境监测和医疗诊断等领域的发展。

4.2.9　纳米材料加工与检测关键仪器设备开发方向

无论是纳米技术本身的发展，还是传统产业的升级换代，纳米尺寸上的检测、传感、跟踪、操纵都将起到重要的作用，开展"传感与跟踪原理验证→关键技术研发（软硬件）→系统集成→应用示范→产业化"的纳米仪器、配件与智能设备开发链的研发布局，注重开展相关原理、方法、技术和系统集成的应用开发，掌握具有自主知识产权、市场竞争力的重大仪器设备的核心技术，全面提升我国纳米装备的可持续发展能力和核心竞争力，为支撑传统产业升级换代和纳米技术发展奠定基础。

（1）重大科研仪器设备核心技术和关键部件的开发

应用需求：重大科研仪器高精密度和灵敏度核心部件的开发。

重点方向：①高灵敏度传感器技术；②原位跟踪检测器件。

发展目标：发展低检测限的传感材料、高灵敏度和高精密度测量技术；实现若干领域的光、电、声、气、力的原位检测，原位跟踪检测器件；实现具有自主知识产权、质量稳定可靠的关键部件的开发。5 年后，实现开发的样机规模化生产，开发的仪器设备全面支撑科学实验和检测市场的需求。

（2）纳米材料宏量制备与应用设备的开发

应用需求：纳米材料的量化制备、纳米材料的应用。

重点方向：①纳米材料的规模化制备设备；②纳米材料的分散加工设备。

发展目标：发展纳米材料加工设备关键技术的开发，实现纳米材料的合成、分散、改性和修饰等；发展纳米材料的加工分散设备，实现纳米材料在应用中的有效均匀分散，充分发挥纳米材料的特异性，提高材料的功用性。5 年后实现所开发的技术与设备全面支撑传统与新型行业的发展，并形成一定规模的生产，整体技术达到国内外领先水平。

（3）通用检测仪器设备集成开发

应用需求：高分辨和高灵敏通用性仪器设备的开发。

重点方向：①多功能分析仪器；②精密分析仪器。

发展目标：发展具有自主知识产权的高端精准实时超分辨成像技术，实现质量稳定可靠的多维快速超分辨成像技术以及相关软件系统的开发，实现具有无损和多维度模式化超分辨成像分析设备样机的开发。5年后实现所开发的技术与设备全面支撑科学实验研究，并形成一定规模的生产，整体技术达到国内外领先水平。

（4）专、精、特产业化制备仪器设备开发

应用需求：专、精、特产业化制备仪器关键技术与设备。

重点方向：①高端加工仪器产业化；②精密科学仪器产业化。

发展目标：发展理化性能测量与分析仪器的关键技术，实现其在若干领域检测仪器和加工设备的开发应用，若干样机实现应用示范。5年后实现开发设备全面支撑科学实验研究和检测服务，并形成一定规模的生产，整体技术达到国际领先水平。

4.3　科研服务平台建设与任务解读

拥有支撑发展特色和优势的各类研发与服务平台，是科技与产业快速健康发展最重要的要素之一。这些平台既能领跑科学研究，促进成果转化，又能支撑产业发展，规范技术与产品市场行为。所以，我们要实现拟定研究发展目标，支撑上海科创中心建设，促进上海科技与产业的快速健康发展，必须首先要布局建设好科研服务平台。因此，未来5年科研服务平台建设与发展的布局关系到上海科技与产业的发展，在集聚资源、有所为有所不为的指导原则下，我们将围绕应用需求，布局建设好具有专业特色的平台。

应用需求：①科学研究与发展；②新兴产业与传统产业发展。

平台布局：①纳米材料制备与应用技术服务平台；②纳米环境材料制备与应用技术服务平台；③纳米能源材料制备与应用技术服务平台；④纳米信息材料制备与应用技术服务平台；⑤纳米生物医学应用技术服务平台；⑥微纳加工与微纳器件应用技术服务平台；⑦航天与军民融合应用纳米技术服务平台；⑧纳米材料检测分析与标准技术服务平台；⑨纳米科技信息技术服务平台；⑩纳米科技国内外交流服务平台。

发展目标：科研服务平台将支撑纳米科技前瞻性发展和应用技术发展，促进成果转化，促进纳米科技人才集聚；实现纳米科技领域硬件研发与服务的优势与特色，实现大型仪器与设备共享、技术与成果共享、专利与标准共享和人才信息共享；建立平台支撑科研开发、成果转化到产业化一条龙的产学研用协同创新发展机制，研发出一批具有前瞻性、国际领先的纳米科技创新研究成果，推动一批具有自主知识产权技术成果的转化应用，实现一批纳米科技领军人才的集聚；若干建设平台将成为国内外纳米科技领域中最具影响力的研发与服务平台。

4.3.1 纳米功能材料制备与应用技术服务平台

纳米材料制备与应用技术主要包括：纳米材料的低成本绿色可控制备新技术、宏量化制备技术、高效单分散技术以及纳米材料在各领域中的应用技术，在建平台具体包括：

（1）纳米材料可控制备与技术应用服务平台

应用需求：纳米材料规模化制备与技术应用。

重点方向：①纳米材料环保与低成本的制备技术以及相关应用技术；②纳米材料规模化制备技术和分散技术；③纳米材料规模化制备的设备开发；④纳米材料品质标准的建立。

（2）高分子纳米复合材料规模化制备与技术应用服务平台

应用需求：高分子纳米复合材料制备与规模化制备技术。

重点方向：①高分子纳米复合材料环保与低成本的制备技术以及在注塑、涂料、生物医药等领域的应用技术；②高分子纳米复合材料规模化制备的技术与设备开发；③高分子纳米复合材料品质标准的建立。

（3）纳米金属材料规模化制备与技术应用服务平台

应用需求：纳米金属材料制备与应用技术。

重点方向：①纳米金属材料环保低成本制备技术以及在汽车、航空航天等领域的应用技术；②纳米金属材料规模化制备技术与设备；③纳米金属材料品质标准的建立。

建设目标：全面支撑纳米科技领域开展纳米材料实验制备新技术研究、规模化低成本制备技术研究、规模化制备关键设备开发研究、纳米材料实验室成果的中试研究和纳米材料的应用技术服务；提供纳米科技有关的研发、咨询、培训和专业测试服务等，成为国内外纳米材料研发与服务最具优势和特色的平台之一。

4.3.2 纳米环境材料制备与应用技术服务平台

纳米环境材料制备与应用技术主要包括：纳米环境材料的制备新技术、宏量制备技术以及应用技术。在建平台优先打造空气污染控制的纳米环境材料制备与应用技术服务平台和水质控制的纳米环境材料制备与应用技术服务平台，具体包括：

（1）空气污染控制的纳米环境材料制备与应用技术服务平台

应用需求：空气污染控制的纳米环境材料制备与应用技术。

重点方向：①空气污染控制的纳米环境材料环保低成本制备技术以及在空气污染控制中的应用技术；②空气污染控制纳米环境材料规模化制备技术与设备；③空气污染控制纳米环境材料品质标准的建立；④空气污染物的模拟与治理实验

系统。

（2）水质控制的纳米环境材料制备与应用技术服务平台

应用需求：水质控制的纳米环境材料制备与应用技术。

重点方向：①水质控制的纳米环境材料环保低成本制备技术以及在水质控制中的应用技术；②水质控制纳米环境材料规模化制备技术与设备；③水质控制纳米环境材料品质标准的建立；④水污染物的模拟与治理实验系统。

建设目标：全面支持环境领域污染控制的研究，开展纳米环境材料实验制备技术研究、规模化制备技术研究及关键设备开发研究、实验室成果的中试研究和应用技术服务；提供环境领域污染控制相关纳米技术的研发、咨询、培训和专业测试服务等，提供环境污染物模拟与治理实验系统，使之成为国内外纳米环境领域研发与服务最具优势和特色的平台之一。

4.3.3 纳米能源材料制备与应用技术服务平台

纳米能源材料制备与应用技术主要包括：纳米能源材料的多种制备技术和宏量化制备技术以及应用技术。在建平台具体内容包括：

（1）纳米能源材料制备与应用技术服务平台

应用需求：纳米能源材料制备与应用技术。

重点方向：①纳米能源材料环保与低成本的制备技术以及在电动汽车、电子行业和储能领域中的应用技术；②纳米能源材料规模化制备技术与设备；③纳米能源材料品质标准的建立；④纳米能源材料应用环境模拟与性能评价实验系统。

（2）新型纳米能源材料制备与应用技术服务平台

应用需求：新型纳米能源材料制备与应用技术。

重点方向：①新型纳米能源材料环保低成本制备技术，在清洁能源转换、储能电池、太阳能电池、柔性电池、锂硫电池、锂空电池、聚合物膜燃料电池等领域中的应用技术；②纳米能源材料规模化制备技术与设备；③纳米能源材料品质标准的建立；④纳米能源材料应用环境模拟与安全和性能评价实验系统。

建设目标：全面支撑能源领域开展新型纳米能源材料的研究，开展纳米能源材料实验室制备技术研究、规模化制备技术研究及关键设备开发研究、实验室成果的中试研究和应用技术服务；提供应用纳米能源材料与技术有关的研发、咨询、培训和专业测试服务等，提供纳米能源材料应用环境的模拟与安全和性能评价，成为国内外纳米能源材料与技术领域研发与服务最具优势和特色的平台之一。

4.3.4 纳米信息材料制备与应用技术服务平台

纳米信息材料制备与应用技术主要包括：纳米信息材料的多种制备技术和宏量化制备技术以及应用技术。在建平台具体内容包括：纳米信息材料制备与应用技术服务平台。

应用需求：纳米信息材料制备与应用技术。

重点方向：①纳米信息材料低成本的绿色制备技术以及在传感器、薄膜器件、集成电路中的应用技术；②纳米信息材料规模化制备技术与设备开发；③纳米信息材料品质标准的建立；④纳米信息材料应用环境模拟与性能评价实验系统。

建设目标：全面支撑信息领域开展新型纳米信息材料的研究，开展纳米信息材料实验室制备技术研究、规模化制备技术研究与关键设备开发研究、实验室成果的中试研究和应用技术服务；提供应用纳米信息材料与技术有关的研发、咨询、培训和专业测试服务等，提供信息材料应用环境的模拟与安全和性能评价，成为国内外纳米信息材料与技术领域研发与服务最具优势和特色的平台之一。

4.3.5 纳米生物医学应用技术服务平台

纳米生物医学材料制备与应用技术主要包括：纳米生物医药用材料的多种制备技术与宏量制备技术和应用技术。在建平台具体内容包括：

（1）纳米生物材料制备与应用技术服务平台

应用需求：纳米生物材料制备与应用技术。

重点方向：①纳米生物材料环保低成本制备技术以及在组织修复中的应用；② 3D 打印材料与建模技术和打印工艺及设备；③纳米生物材料规模化制备技术与设备；④纳米生物材料评价技术与标准的建立；⑤纳米生物材料安全性评价体系。

（2）纳米医药材料制备与应用技术服务平台

应用需求：纳米医药材料制备与应用技术。

重点方向：①纳米医药材料环保低成本制备技术以及在药物载体、药物靶向、药物控释等方面的应用技术；②纳米医药材料规模化制备技术与设备；③纳米医药材料评价技术与标准的建立；④纳米医药材料生物安全性评价。

（3）诊疗技术中的纳米应用技术服务平台

应用需求：诊疗中的纳米应用技术。

重点方向：①诊疗中应用的纳米材料低成本制备技术以及在影像、检验、标志物、化疗、热疗、光疗、磁疗、电疗中的应用技术；②应用于诊疗中纳米材料的规模化制备技术与设备；③应用于诊疗中的纳米材料评价技术与标准的建立；④应用于诊疗中的纳米材料生物安全性评价。

建设目标：全面支撑生物医学领域开展新型纳米生物医药用材料的研究，开展纳米生物医药用材料制备技术和规模化制备技术研究、规模化制备关键设备开发、实验室成果的中试研究和应用技术服务；提供应用纳米生物医药用材料与技术有关的研发、咨询、培训和专业测试服务等，提供纳米生物医药用材料生物安全性评价技术与标准，成为国内外纳米生物医药用材料与技术领域研发与服务最具优势和特色的平台之一。

4.3.6 航天与军民融合应用纳米技术服务平台

航天与军民融合应用纳米技术主要包括：应用于航天与军民融合领域的新型纳米功能材料的制备技术与宏量制备技术以及纳米材料应用于航天与军民融合领域的关键技术。在建平台主要内容包括：航天与军民融合应用纳米技术服务平台。

应用需求：航天与军民融合应用纳米技术。

重点方向：①面向航天与军民融合产业的纳米功能材料的制备，如轻质复合材料和特殊吸波材料等以及能在极端环境中应用的特殊功能材料；②应用于航天和军民融合的纳米材料规模化制备技术与设备；③应用于航天和军民融合的纳米材料品质标准的建立；④应用于航天和军民融合的纳米材料应用环境模拟与安全性能评价实验系统。

建设目标：全面支撑航天和军民融合领域开展纳米材料与技术的研究，开展应用于航天和军民融合纳米材料实验制备技术研究、规模化制备技术研究与关键设备开发研究和应用技术服务；提供与航天与军民融合的纳米材料有关的研发、咨询、培训和专业测试服务等，提供应用于航天和军民融合的纳米材料应用环境的模拟与安全和性能评价，成为航天与军民融合领域应用纳米材料与技术研发与服务方面最具优势和特色的平台之一。

4.3.7 纳米材料检测分析与标准技术服务平台

纳米材料检测分析与标准技术主要包括：纳米材料结构和形貌检测方法与技术，纳米薄膜材料的检测方法与技术，纳米材料应用性能的分析与评价方法和技术及标准的建立，纳米材料检测仪器与设备以及检测软件系统与数据库。在建平台主要内容包括：纳米材料检测分析与标准技术服务平台。

应用需求：纳米材料检测分析与标准技术。

重点方向：①纳米材料检测分析与标准技术以及有关纳米薄膜材料、纳米能源材料、纳米信息材料、纳米环境材料、纳米生物医药材料等方面的检测方法与技术及标准的建立；②纳米材料应用性能评价方法与标准的建立；③纳米材料检测关键技术与设备；④纳米材料安全和性能评价实验系统的建立。

建设目标：全面支撑纳米科技与产业的发展，支撑开展纳米材料检测方法、检测技术、标准物质和检测标准的研究，建立纳米材料应用与性能分析和评价标准体系；开展纳米材料检测关键技术与仪器和设备的开发，建立纳米材料检测仪器与设备性能分析和评价标准体系；支撑纳米材料的应用技术服务，为有关的研发、咨询、培训和专业测试提供技术服务，打造成为国内外纳米材料检测分析与标准技术服务领域最具优势和特色的平台之一。

4.3.8 微纳加工和微纳器件制备应用技术服务平台

微纳加工与微纳器件制备应用技术主要包括：多种微纳米加工技术与工艺和微纳器件制备技术及应用。在建平台主要内容包括：微纳加工与微纳器件制备与应用技术服务平台。

应用需求：①新型微纳加工技术服务；②非标准微纳器件制备与性能表征。

重点方向：①新型的微纳加工与非标准微纳器件的制备技术及其在薄膜器件、集成电路元件、传感器中的相关应用；②微纳加工与微纳器件规模化制备关键设备与技术研发；③新型微纳加工技术与非标准微纳器件性能测试服务；④微纳加工与微纳器件应用环境模拟与性能评价实验系统。

建设目标：全面支撑微纳加工技术领域开展新型微纳器件与材料的研究，包括微纳加工与微纳器件技术的实验研究、规模化生产工艺研究与关键设备开发研究和应用技术服务等；提供与微纳加工与微纳器件有关的研发、咨询、培训和专业测试服务等，提供微纳加工与微纳器件应用环境的模拟与安全和性能评价，将平台打造成为国内外微纳加工与微纳器件制备技术领域研发与服务最具优势和特色的平台之一。

4.3.9 纳米科技信息技术服务平台

纳米科技信息技术主要包括：建立纳米科技信息系统、信息数据库、多媒体、互联网和微信平台。在建平台主要内容包括：纳米科技信息技术服务平台。

应用需求：纳米科技信息技术。

重点方向：①纳米科技信息系统、信息数据库、多媒体、互联网和微信平台；②纳米科技与人工智能关联技术；③纳米科技信息系统设备；④纳米科技信息系统安全与维护技术。

建设目标：全面支撑纳米科技与产业的发展，建立纳米科技信息系统，主要包括：新闻、宣传、教育、论文、专利、成果、材料、产品、人才、基地、平台、高校、科研院所、企业、制备技术与设备、检测技术与设备、检测方法与标准、数据统计与分析等；支撑纳米科技人才引进、培养和人才集聚，建立纳米科技人才发展体系；建立纳米材料性能预测技术开发与相关数学模型，建立纳米科技与人工智能关联技术平台；建立的纳米科技信息系统为有关的研发、咨询、培训和专业需求提供技术服务，打造成为国内外纳米科技信息领域最具优势和特色的平台之一。

4.3.10 纳米科技国内外交流服务平台

纳米科技国内外交流服务技术主要包括：纳米科技国内外交流服务系统，纳米科技国内外交流服务数据库，纳米科技交流多媒体、互联网和微信平台。在建平台主要内容包括：纳米科技国内外交流服务平台。

应用需求：纳米科技国内外交流服务。

重点方向：①纳米科技国内外交流服务系统、交流服务数据库、交流多媒体、互联网和微信平台；②纳米科技国内外交流服务系统安全与维护技术。

建设目标：全面支撑纳米科技与产业的发展，开展纳米科技国内外学术交流、应用技术交流、成果转化交流和人才交流，建立纳米科技交流多媒体、互联网和微信平台，开展技术与人才培训；建立纳米科技交流平台和相关数据库，为有关的研发、咨询、培训和专业需求提供技术服务，打造成为国内外纳米科技交流领域最具优势和特色的平台之一。

第五章 上海纳米科技发展关键体系的建设

5.1 纳米科技创新体系

发展纳米科技是上海科技与产业健康发展的迫切需求。纳米科技涉及的领域较多，研究与应用的范围也较广（详见图5-1），如何科学务实地规划纳米科技的发展战略，对上海科技未来健康快速发展至关重要。

图 5-1 纳米科技发展主要学科、研究和应用领域图

在新一轮科技革命与产业变革中，纳米科技的创新发展对诸多领域影响深远，因此发展纳米科技的重要性已成为一种普遍共识。要鼓励发展纳米科技，必须加快纳米科技创新体系的建设。

纳米科技创新体系建设的指导思想是：以国家战略和市场需求导向为原则，依据该原则，纳米科技创新体系主要有3部分组成：发展机制建设，发展与目标布局，发展环境建设（图5-2）。从图中可以看到：

发展机制建设方面：将由政府、高校科研院所、企业、金融和市场共同打造"官产学研金用"机制。

发展目标布局方面：将由原创性成果、应用技术成果、成果转化、人才和产业等方面组成发展目标，以此实现上海纳米科技发展总目标，即融入上海科创中心，支撑上海科技与产业发展，推动社会和经济的可持续发展。

发展环境建设方面：将由政府布局设置专项发展基金，拟定纳米科技重点研究方向和平台建设，建立科技和产业园区，拟定有利于创新发展的政策、激励机制和规范市场行为标准、宣传与建设科普基地，引导企业发展融入市场发展需求。

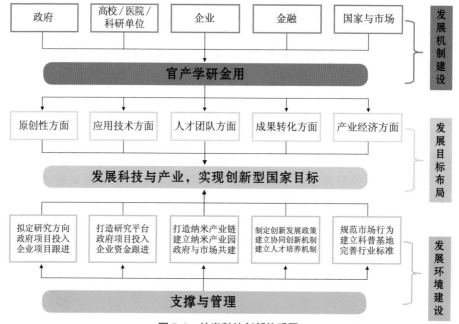

图 5-2 纳米科技创新体系图

从图 5-2 中可以看到：纳米科技创新体系是一个系统工程，不仅需要纳米科技研发单位的努力，更需要健全的制度予以配合和支持。只有建立健全技术创新体系，才能有效地提高纳米科技整体创新能力，实现纳米科技健康快速的发展。

纳米科技创新体系现阶段主要还是以政府主导和支持为主，科研单位、大专院校、企业和中介服务机构等为主要参与和实施者，通过官产学研金用机制以及分布在科研院所和企业中的纳米科技研发与服务技术平台，期望"十三·五"期间在前沿基础科学研究、纳米应用技术开发、纳米技术人才培养、纳米技术成果转化及科技与产业方面取得一系列重要成果，实现上海纳米科技的创新发展目标，即：融入上海科创中心，支撑上海科技与产业、健康与环境的快速健康发展。

纳米科技创新体系在发展环境与建设方面，最主要是为了支撑实现"十三·五"上海纳米科技发展目标。因此，我们要通过科学布局和项目实施来实现系列纳米科技创新成果，支撑国家战略和市场需求，全面提升传统行业技术竞争力，发展新型产业；同时要以上海科创中心建设为契机，坚持政府推动与科研院所、企业主体相结合，以完善纳米科技创新投入、运行和激励机制为重点，加快纳米科技原创性基础科学研究、纳米科技应用技术成果研发、成果转化与产业化，推动纳米技术为上海科技与产业的发展作出重大贡献。

加快纳米科技创新体系建设的政策与措施：

（1）建立健全政策法规体系，完善创新环境。制定鼓励创新的法规，通过立法，对纳米科技创新工作进行统一规划，确定指导思想、战略目标，规范政府、企业、科研机构和社会中介等各方行为和责任，为纳米科技创新提供法律支持。

（2）充分运用政策手段，引导全社会重视纳米科技创新工作。制定促进纳米科技发展的科研政策和技术创新指南，每年安排专项资金，重点用于纳米科技创新技术平台建设、创新能力项目建设、产学研联合攻关以及创新成果转化等。

（3）加强研发与服务技术平台建设。纳米科技是前沿性科学技术，对基本技术研发设施有较高的要求，需要高精尖设备的支撑，因此必须加强研发与服务技术平台的能力建设，只有建设具有国际领先水平的纳米科技研发基础设施，才能促进具有引领性的纳米科技成果的诞生。通过实施纳米科技创新技术平台能力建设专项，为科研和中小型企业提供研发和中试的服务，可大幅提高研发机构和企业的创新效率，降低研发成本和提高研发能力。

（4）纳米科技专项经费资助。全方位分析纳米科技发展前沿以及纳米技术产业化现状，结合上海纳米科技发展与产业现状，制订科学的纳米科技与产业发展目标与任务，制订专项纳米科技发展计划，进行合理的项目布局。一方面积极鼓励原创性纳米科技基础研究；另一方面大力支持纳米科技应用研究与产业化开发，针对关键技术和共性技术难题，鼓励产学研用结合，组织联合攻关，重点抓好一批产学研用示范项目，促进其发挥引导和示范作用。

（5）建立纳米科技人才引进政策。纳米科技的创新与产业发展，离不开创新、创业和工匠人才，人才是纳米科技创新体系的核心要素之一，通过加强对高层次纳米科技创新创业人才的引进和资助力度，激励人才团队的聚集，有效地推动纳米科技研发与产业发展。

（6）打造纳米科技产业链。以打造产业链的思维发展纳米科技，通过整合科技与产业相关的资源要素，突破影响创新的体制机制，引导政府职能部门、传统企业、纳米技术企业、高等院校、科研机构、风险投资、金融机构和中介机构等主体，围绕纳米科技与产业发展进行深入互动，全面推动纳米科技与产业的发展。

（7）推进技术标准和知识产权战略。引导纳米科技研发单位积极研发纳米技术标准与检测方法，并鼓励其将相关标准与检测方法纳入国家和国际标准，掌握纳米科技与产业竞争的主动权与话语权。从专利和技术标准等角度出发，支持研发突破一批在战略或关键领域的纳米科技发展核心技术。对参与国家和国际标准制定、发起制定国家或行业标准的企事业单位予以重点支持。

5.2　纳米科技创新体系分类解析

纳米科技涉及面较广，要实现合理的发展布局，既要考虑科学合理性，又要考虑现状与需求的迫切性。"十三·五"上海纳米科技创新体系主要包括：纳米功能材料科技发展创新体系、纳米环境科技发展创新体系、纳米能源科技发展创新体系、纳米信息科技发展创新体系、纳米生物医学科技发展创新体系、纳米技术与航天军民融合发展创新体系、纳米检测技术与标准发展创新体系、微纳加工和微纳器件制造发展创新体系、纳米材料加工与检测关键仪器设备发展创新体系。通过对这些体系的建设，有助于集聚资源，夯实发展基础、打造公共研发与服务平台，引进与培养各类创新创业人才，进行学术交流与成果转化，规范市场促进发展，促进上海纳米科技与产业特色和优势的形成，成为上海市科技与各领域产业发展的重要支撑之一。

纳米科技创新体系的建设，有助于从细节上了解不同学科、应用领域在整个体系中的位置和作用。

5.2.1 纳米功能材料科技发展创新体系

纳米功能材料科技发展创新体系建设，主要根据上海纳米科技发展创新体系的发展框架、结合国家与市场，对纳米功能材料的发展需求拟定发展目标，根据发展目标拟定研究方向，根据发展目标拟定支撑体系，同时根据发展需求拟定好政府职能，详见图5-3。

图 5-3　纳米功能材料科技发展创新体系图

从图5-3中可以看到：依据国家与市场需求，材料领域国家"十三·五"发展规划与提质增效和促进产业升级的需求，拟定纳米功能材料发展目标，即在基础研究、应用技术、成果与产业、人才与培养等方面进行布局。为了实现目标，布局相关研究方向，主要包括：纳米功能粉体材料、纳米功能纤维材料、纳米功能涂料、纳米功能塑料、先进水凝胶材料等；在支撑体系方面主要包括：组织机制、平台建设与检测及标准；在政府职能方面主要包括：要设置重点专项，重点资助应用技术研究，加强纳米科技成果孵化基金资助力度。

纳米功能材料科技发展创新体系的特点是：根据国家与市场需求，充分发挥政府的职能与任务。在支撑体系有关组织机制上：第一，充分发挥行业协会作用，引导行业发展；第二，充分发挥工程研究中心作用，搭建产业桥梁；第三，充分发挥同行企业的协同作用、引导相关技术研究；第四，充分发挥科研院校研究主体作用，开展面向市场需求的研究；通过专业的平台建设和检测与标准体系的建立，促进产学研金用的合作，支撑上海"十三·五"发展目标的实现，为融入上海科创中心、科技与产业发展作出贡献。

5.2.2 纳米环境科技发展创新体系

纳米环境科技发展创新体系建设主要是：根据上海纳米科技发展创新体系的发展框架，结合国家与市场对纳米环境科技的发展需求拟定发展目标，根据发展目标拟定研究方向和支撑体系，同时根据发展需求拟定好政府职能，详见图5-4。

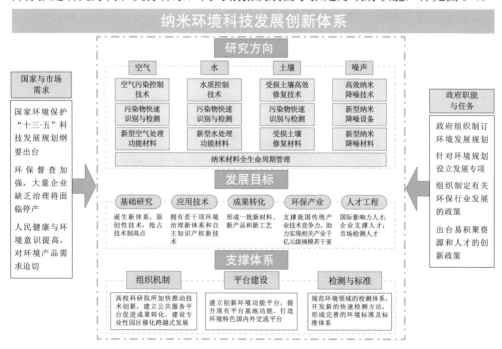

图5-4 纳米环境科技发展创新体系图

从图5-4中可以看到：依据国家与市场需求，即环境领域国家"十三·五"发展规划中明确阐述的加强环境督查、众多企业缺乏治理生产过程中产生的环境污染物的相关技术以及环境对人民健康的影响等需求，拟定环境纳米科技发展目标，即在基础研究、应用技术、成果转化、环保产业和人才工程等方面进行布局。为了实现目标，布局相关研究方向，主要包括：空气污染控制技术、水质控制技术、受损土壤高效修复技术和高效纳米降噪技术等；在支撑体系方面主要包括：组织机制、平台建设和检测与标准；在政府职能方面主要包括：制订环境发展规划，设立发展专项，制定出台环保行业发展政策以及集聚人才和资源的创新政策。

环境纳米科技发展创新体系的特点是：根据国家与市场需求，充分发挥政府的职能与任务。在支撑体系有关组织机制上：第一，引导推动高校和科研院所的技术创新；第二，要建立公共服务平台，促进成果转化；第三，建设专业性园区，催化跨越式发展；第四，建设专业平台和建立检测与标准体系，促进产学研金用的合作。体系的建设将有助于政府充分发挥其职能与任务，有助于集聚资源实现拟定的发展目标。所以，纳米环境科技发展创新体系的建设能够最大限度的挖掘科技与社会潜能，确保上海在环保科技与产业的领跑地位。

5.2.3 纳米能源科技发展创新体系

纳米能源科技发展创新体系建设主要是：根据上海纳米科技发展创新体系的框架，结合国家与市场对纳米能源科技的发展需求拟定发展目标，根据发展目标拟定研究方向，根据发展目标拟定支撑体系，同时根据发展需求拟定政府职能，详见图5-5。

从图5-5中可以看到：依据国家与市场需求，国家"十三·五"发展规划中明确阐述的国内外能源形势严峻，迫切需要能源发展推动新兴绿色产业的建立和发展的需求，拟定纳米能源科技发展目标，即在基础研究、应用技术、成果转化、能源产业和人才工程等方面进行全方位布局。为了实现目标，布局相关研究方向，主要包括：清洁能源转换（特别是热电转换和电解水制氢）、储电技术、储氢技术、太阳能电池和燃料电池等；在支撑体系方面主要包括：组织机制、平台建设和检测与标准；在政府职能方面主要包括：制订发展规划，设立相关（清洁）能源发展专项，制定出台积聚资源和人才的创新政策，促进上海市传统能源产业升级。

纳米能源科技发展创新体系的特点是：根据国家与市场需求，充分发挥政府职能与任务。在支撑体系有关组织机制上：第一，高校科研院所建立公共服务平台，促进成果转化，建设专业性发展园区；第二，建立新功能平台；第三，升级现有功能平台；第四，打造国内外交流平台；第五，建设专业平台和建立检测与标准体系，规范能源领域检测体系，发展快速检测方法，形成检测标准，促进产学研金用的合作。纳米能源科技发展创新体系的建设将能够支撑上海市政府拟定的"十三·五"发展目标的实现，为融入上海科创中心、支持上海科技与产业发展作出贡献。

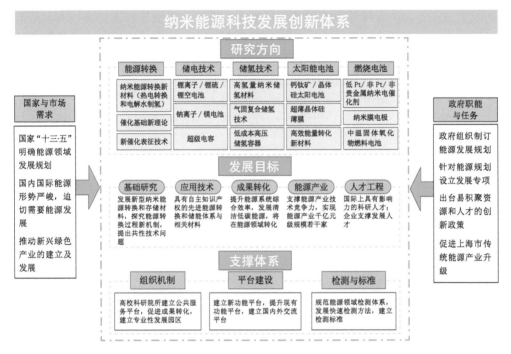

图 5-5　纳米能源科技发展创新体系图

5.2.4　纳米信息科技发展创新体系

纳米信息科技发展创新体系建设主要是：根据上海纳米科技发展创新体系的发展框架，结合国家与市场对纳米信息科技的发展需求拟定发展目标，根据发展目标拟定研究方向，根据发展目标拟定支撑体系，同时根据发展需求拟定好政府职能，详见图 5-6。

从图 5-6 中可以看到：依据信息领域国家"十三·五"发展规划中明确阐述的国家重大战略发展新需求、居民消费对信息材料与技术升级的需求，以及提升信息领域核心技术和优势等需求，拟定了纳米信息科技发展目标：即在基础研究、应用技术、成果转化和人才培养等方面进行全方位布局。为了实现目标，布局相关研究方向，主要包括：纳米电子技术、新型传感技术、非硅新型纳米器件和新型纳米光电器件等；在支撑体系方面主要包括：组织机制、平台建设和检测与标准；在政府职能方面主要包括：制订纳米信息科技发展规划，设立发展专项，制定出台纳米信息科技发展政策以及集聚人才和资源的创新发展政策。

纳米信息科技发展创新体系建立的主要原则是：根据发展需求，挖掘科技与社会资源，建设公共研发与服务平台，打造纳米信息科技产业链，建立国内外最具特色的纳米信息科技与产业的示范基地。

纳米信息科技发展创新体系的特点是：根据国家与市场需求，充分发挥政府的职能与任务。在支撑体系有关组织机制上：第一，要引导和支持高校和科研院所的技术创新；第二，要建立公共研发与服务平台；第三，要建立专业性园区，促进技术与成果转化；第四，建设专业的平台和建立检测与标准体系，促进产学研金用的合作。纳米信息科技发展创新体系的建设将有助于政府充分发挥其职能与任务，有助于集聚资源，实现拟定的发展目标。

图 5-6　纳米信息科技发展创新体系图

5.2.5 纳米生物医学科技发展创新体系

纳米生物医学科技发展创新体系建设主要是：在上海纳米科技发展创新体系的发展框架下，结合国家与市场对纳米生物医学的发展需求拟定发展目标，根据发展目标拟定研究方向，根据发展目标拟定支撑体系，同时根据发展需求拟定好政府职能，详见图 5-7。

从图 5-7 中可以看到：依据国家与市场需求，即生物医药领域国家"十三·五"发展规划中明确阐述的加强大健康产业的发展，针对癌症和心脑血管疾病诊疗以及个性化与精准化治疗的迫切需求，拟定纳米生物医学发展目标，即在基础研究、应用技术、成果转化、生物医药产业和人才工程等方面进行布局。为了实现目标，布局相关研究方向，主要包括：组织修复与替代材料、诊断与治疗纳米技术与产品、纳米技术的基因与细胞以及纳米安全性与功能评价；在支撑体系方面主要包括：组织机制、平台建设和技术标准；在政府职能方面主要包括：制订纳米生物医学科技发展规划，设立发展专项、制定出台纳米生物医学发展政策和集聚人才和资

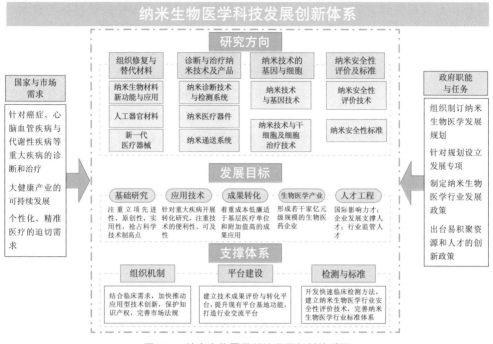

图 5-7　纳米生物医学科技发展创新体系图

源的创新发展政策。

纳米生物医学科技发展创新体系的特点是：根据国家与市场需求，充分发挥政府职能与任务。在支撑体系有关组织机制上：第一，紧密结合临床需求；第二，引导和推动高校、科研院所和企业的技术创新；第三，完善市场法规，保护知识产权；第四，建设专业平台，建立技术标准体系，促进产学研用一体化。因此，体系的建设将有助于政府充分发挥其职能与任务，有助于集聚资源，实现拟定的发展目标。所以，纳米生物医学科技发展创新体系将能够最大限度地挖掘科技与社会潜能，打造纳米生物医学产业链，形成具有上海特色的纳米生物医药产业化示范基地。

5.2.6　纳米技术与航天军民融合发展创新体系

纳米技术与航天军民融合发展创新体系建设主要是：依据上海纳米科技发展创新体系的发展框架，结合国家与市场对纳米技术与航天军民融合产业的发展需求拟定的发展目标，根据发展目标拟定了研究方向、支撑体系与政府职能，详见图5-8。

从图 5-8 中可以看到：依据国家与市场需求，航天军民融合产业国家"十三·五"发展规划中明确阐述：国际航天领域技术竞争激烈，军民融合是国家重大战略发展新需求、满足航天军民融合产业的发展需求，提高我国航天军民融合技术的推广与产业化水平，拟定了纳米技术与航天军民融合方向的发展目标，即在基础研究、应用技术、成果转化和人才工程等方面进行综合布局。为了实现目标，布局相关研究方向，主要包括：纳米精度航天功能器件关键材料与技术、纳米军民两用设备关键材料与技术等；在支撑体系方面主要包括：组织机制、平台建设和检测与标准；在政府职能方面主要包括：制订航天与军民融合技术战略发展规划、设立发展专项、制定出台激励有关航天军民融合产业发展的政策以及促进集聚资源和人才引进与培养等政策，为实现纳米技术与航天军民融合产业的发展目标奠定坚实基础。着重在组织机制上进行宏观引导：①要在高校和科研院所建立有利于推动航天科技创新技术，激励航天科技人员拥有自主知识产权的相关制度，加快航天用纳米材料器件民用化的步伐；②要集聚资源，加快推动建设纳米航天军民融合关键研发平台，促进航天与军民融合领域纳米技术整体水平的提高；③要建立航天军民融合纳米产业发展园区，推进航天与军民融合应用技术的产业化进程，全面提高相关纳米技术的综合竞争力。

图5-8　纳米技术与航天军民融合发展创新体系图

　　纳米技术与航天军民融合发展创新体系的特点是：根据国家与市场需求，充分发挥政府的职能与任务，促进纳米技术与航天军民融合产业的发展，打造国内最具特色的航天与军民融合纳米技术产业化示范基地，为我国航天与军民融合事业发展作出积极贡献。

5.2.7　纳米检测技术与标准发展创新体系

纳米检测技术与标准发展创新体系建设，主要根据上海纳米科技发展创新体系的框架，结合国家与市场对纳米检测技术与标准的发展需求拟定发展目标，根据发展目标拟定研究方向，根据发展目标拟定支撑体系，同时根据发展需求拟定好政府职能，详见图5-9。

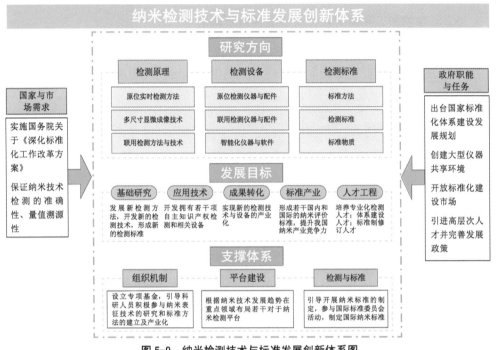

图 5-9　纳米检测技术与标准发展创新体系图

从图5-9中可以看到：依据国家与市场需求，即检测技术与标准领域国家"十三·五"发展规划中明确阐述的国家重大战略发展新需求、引导和推动国务院关于《深化标准化工作的改革方案》，部署相关政策和法规，满足市场对检测技术与标准升级的需求，以及提升上海纳米检测技术与标准的优势等需求，拟定纳米检测技术与标准的发展目标，即在基础研究、应用技术、成果转化、标准产业和人才工程等方面进行布局。为了实现目标，布局相关研究方向，主要包括：检测原理、检测设备和检测标准等；在支撑体系方面主要包括：组织机制、平台建设和检测与标准；在政府职能方面主要包括：制订纳米检测技术与标准的发展规划，设立发展专项，创建大型仪器共享环境，建立规范技术与产品标准制度，制定引进与培养人才的发展政策。

纳米检测技术与标准发展创新体系的特点是：根据国家与市场需求，充分发挥政府的职能与任务。在支撑体系有关组织机制上：第一，要建立政策法规，加快推进国家和地方检测技术与标准化服务平台的建设，促进纳米科技标准化工作；第二，要建立大型检测仪器共享的激励机制，支持纳米技术研发与成果应用与转化；第三，要建立科研与服务的标准与认证体系，积极推进从事科学研究与服务的实验认证，规范研究实验与服务检测标准；第四，建设纳米科技与产业检测标准创新基地，全面服务大众创业、万众创新，成为支撑上海科技与产业、科创中心建设的重要基础。

5.2.8 微纳加工和微纳器件制造发展创新体系

微纳加工和微纳器件制造发展创新体系建设主要是：根据上海纳米科技发展创新体系的发展框架，结合国家与市场对微纳器件制造发展需求后拟定发展目标，进而拟定研究方向、支撑体系与政府职能等，详见图 5-10。

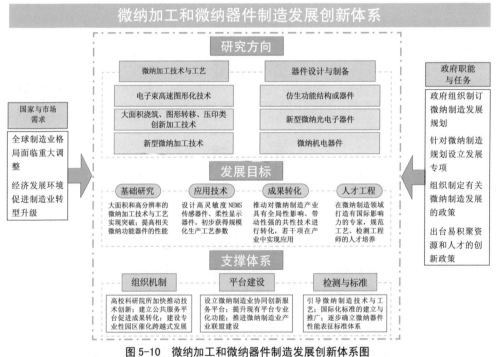

图 5-10　微纳加工和微纳器件制造发展创新体系图

从图 5-10 中可以看到：依据国家有关"十三·五"优先发展领域的战略规划，在全球制造业格局面临重大调整的大背景下，为适应国家重大战略发展新需求、高端制造业、制造业转型、芯片与器件智能化发展技术升级的迫切需求，拟定了微纳制造领域的发展目标，即在基础研究、应用技术、成果转化和人才工程等方面进行综合布局。为了实现目标，布局相关研究方向，主要包括：新型微纳加工技术、仿生功能结构与器件设计和新型微纳光电子器件等；在支撑体系方面主要包括：组织机制、平台建设和检测与标准；在政府职能方面主要包括：组织制订微纳制造创新发展规划，设立微纳制造发展专项，制定出台激励资源集聚和人才引进与培养政策，为实现微纳制造的发展目标奠定坚实基础。着重在组织机制上进行宏观引导：①在高校和科研院所逐步建立有利于推动微纳制造领域快速发展的研发平台，通过产学研金用的创新合作机制建设激励相关科技人员，加快研发微纳器件制造领域内具有自主知识产权的核心技术的步伐；②建立微纳器件制造领域关键研发平台，集聚资源促进微纳器件制造领域整体研发水平的提高；③建立微纳器件制造领域科技产业发展园区，推进微纳器件制造领域产业化进程，全面提高微纳器件制造领域的国际竞争力。

微纳器件制造领域发展创新体系的主要特点是：根据国家与市场需求，充分发挥政府的职能与任务，促进微纳器件制造领域内的技术研发与应用，打造国内外最具特色的微纳器件制造领域产业化示范基地，为我国高端制造业和器件加工发展作出积极贡献。

5.2.9　纳米材料加工与检测关键仪器设备发展创新体系

纳米技术与仪器设备发展创新体系建设主要是：根据上海纳米科技发展创新体系的发展框架，结合国家与市场对纳米技术与仪器设备发展需求拟定发展目标，根据发展目标拟定研究方向和支撑体系，同时根据发展需求拟定好政府职能，详见图 5-11。

图 5-11　纳米材料加工与检测关键仪器设备发展创新体系图

从图 5-11 中可以看到：依据国家与市场需求，部署相关政策和法规，满足科研、检测、临床、产业等对仪器设备的发展需求以及打破我国在高端仪器设备长期依赖进口等需求；拟定纳米技术与仪器设备的发展目标，即在基础研究、应用技术、成果转化、仪器产业和人才工程等方面进行布局。为了实现目标，布局相关研究方向，主要包括：科研设备核心技术和关键部件的开发、仪器设备集成开发、产业化制备设备开发；在支撑体系方面主要包括：组织机制、平台建设和检测与标准；在政府职能方面主要包括：制订仪器设备的发展规划，设立仪器设备发展专项，制定仪器设备行业发展政策，出台集聚资源与引进和培养人才的发展政策。

纳米材料加工与检测关键仪器设备发展创新体系的特点是：根据国家与市场需求，充分发挥政府的职能与任务。在支撑体系有关组织机制上：第一，在高校和科研院所建立有利于推动科技创新、激励集聚科技人员、加快具有自主知识产权的仪器设备关键核心技术研发的机制；第二，建立公共研发服务平台，促进仪器设备的核心技术和关键部件的集成研究以及仪器设备工程化技术等应用技术的发展；第三，建立仪器设备科技产业发展园区，推进仪器设备的产业化进程，促进仪器设备的专、精、特的成果转化和仪器设备产业技术竞争力；第四，建设专业平台和检测与标准体系，促进产学研金用的合作。因此，体系的建设将有助于政府充分发挥其职能与任务，有助于集聚资源实现拟定的发展目标。所以，纳米材料加工与检测关键仪器设备发展创新体系，将能够最大限度地挖掘科技与社会潜能，打造纳米技术与仪器设备产业链，形成具有上海特色的纳米技术与仪器设备产业化示范基地。

第六章 纳米科技发展战略实施计划图

上海纳米科技发展未来 3 年内，将以政府投入发展经费为主，企业和投资机构投入科研经费为辅，实现科研院所技术成果的转移转化，逐步形成产学研金用一体化体系，使纳米科技各类成果初具规模；3～5 年内，以企业和投资机构为主，政府为辅，加大对纳米产业的投入，实现大批高校、科研院所技术成果的转移转化，形成完整的产学研金用机制体制，使纳米技术成为上海科技与科创中心发展的最主要核心技术之一；5～10 年内，政府、企业和投资机构三驾马车并驾齐驱，助力高校和科研院所打造出国际著名的纳米科技创新发展平台体系，使上海的纳米科技拥有领先的技术优势和特色，成为上海科技创新、各类产业快速发展的最主要力量之一。经过 10 年 3 个阶段的稳步发展，最终要使上海纳米科技在国际上拥有话语权，拥有引领国际纳米科技健康快速发展的态势。详见图 6-1。

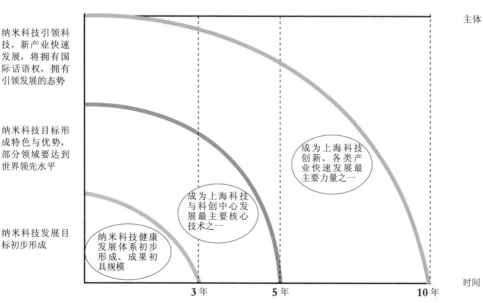

图 6-1 上海纳米科技发展战略总体布局图

6.1　纳米科技关键技术和里程碑

6.1.1　纳米功能材料与技术方向

时间	重要关键技术	里程碑
5年内	<ul><li>纳米材料的可控量化制备技术</li><li>柔性陶瓷纳米纤维材料</li><li>先进水凝胶材料</li><li>抗菌纳米复合塑料</li><li>海洋纳米防腐涂料产业化</li></ul>	<ul><li>纳米粉体材料规模生产技术与百吨级产能</li><li>突破柔性纤维产业化关键技术</li><li>实现新型水凝胶材料在化妆品、整容等领域内的初步应用</li><li>高效抗菌纳米塑料的技术突破</li><li>纳米防腐涂料 5 万吨/年产能的技术突破</li></ul>
5年后	<ul><li>纳米纤维材料量化制备与产品</li><li>结构功能一体化的聚合物纳米复合材料</li><li>高性能纤维与复合材料</li></ul>	<ul><li>攻克纳米纤维宏量制造过程中材料结构均性的关键技术，开发系列产品</li><li>替代铜管的石墨烯基导热塑料的规模化制备技术与宏量制造</li><li>材料的高效制备、产业化推进、规模化应用</li></ul>

突破方向：在纳米材料的可控制备与应用技术研究、纳米功能纤维材料、纳米功能涂料、结构功能一体化纳米复合塑料、先进水凝胶材料等方面要有突破。

5 年内，要突破纳米材料的可控产业化制备技术，实现 100 吨级生产规模；突破柔性纤维产业化关键技术，推出柔性陶瓷纳米纤维材料产品；开发出新型的水凝胶材料，实现其在化妆品、整容等领域内的初步应用；实现纳米抗菌塑料长效抗菌的技术突破，2 年 99.9% 的抗菌率；实现海洋纳米防腐涂料 5 000 吨/年规模化生产能力与技术。

5 年后，要攻克纳米纤维宏量制造过程中材料结构均匀性关键技术，开发个体防护、工业过滤与分离、航空航天、能源军工、生物医用等高品质纤维制品；开发结构功能一体化的聚合物纳米复合材料，满足国民经济和国家汽车工业发展的重大需求，替代铜管的石墨烯基导热塑料的规模化制备技术；高性能纤维发展与先进制造业的轻量化技术紧密结合，加大高性能纤维的规模化应用，争取在高性能碳纤维、芳纶纤维、特种玻璃纤维和其他高性能纤维及其复合材料的研发和应用方面，追赶甚至超过国际水平。

6.1.2　纳米环境材料与技术方向

突破方向：在用于典型废气治理的纳米材料与技术、用于半封闭空间机动车污染物净化的纳米材料与技术、用于室内空气深度净化的纳米材料与技术、用于水质控制的纳米净化材料与技术、用于受损土壤污染检测与高效修复的纳米材料与技术、用于多种污染物快速识别与检测的纳米材料与技术、用于污染物回收与利用的纳米材料与技术、用于噪声污染控制的纳米材料与技术和用于纳米材料全生命周期管理的集成技术等方面要有突破。

时间	重要关键技术	里程碑
5年内	● 多功能典型废气治理技术、半封闭空间污染物净化技术和室内空气净化技术 ● 高效的水质控制技术 ● 高效的纳米降噪技术 ● 受损土壤污染物检测和修复技术 ● 高灵敏、高分辨率交叉污染物探测元件 ● 废物高值转化技术 ● 纳米材料全生命周期环境影响和风险评估体系	● 废气排放、半封闭空间空气质量等达到或优于国家标准或相关标准 ● 为室内空气质量优良率达到95%以上发挥重要作用 ● 水排放低于国家标准或零排放 ● 实现高灵敏、高分辨率的多种污染物探测 ● 实现对纳米材料二次污染效应监控
5年后	● 低成本的多功能典型废气治理、半封闭空间空气净化和室内空气净化技术 ● 受损土壤高效修复技术 ● 探测元件阵列 ● 全生命周期管理的成套技术体系	● 典型废气排放、半封闭空间、室内空气质量明显优于国家标准 ● 土壤污染修复全部指标达标 ● 多种污染物实时检测和痕量污染物检测 ● 污染物全部回收与利用 ● 实现纳米环境材料的全生命周期管理

5年内，要突破多功能典型废气治理技术、半封闭空间机动车污染物净化技术和室内空气净化技术、高效水质控制技术和受损土壤污染检测和修复技术、高效的纳米降噪技术，制造出高灵敏、高分辨交叉污染物探测元件，实现废物高值转化技术，建立纳米材料全生命周期环境影响和风险评估体系；废气排放、半封闭空间空气质量等达到或优于国家标准或相关标准；为室内空气质量优良率达到95%以上发挥重要作用；水排放低于国家标准或零排放；实现高灵敏、高分辨的多种污染物探测；实现对纳米材料二次污染效应监控。

5年后，要实现低成本的多功能典型废气治理、半封闭空间空气净化和室内空气的高效净化技术，突破受损土壤高效修复技术，制造出探测元件阵列，建立全生命周期管理的成套技术体系。实现典型废气排放、半封闭空间、室内空气质量明显优于国家标准；土壤污染修复全部指标达标；多种污染物实时检测和痕量污染物检测；污染物全部回收与利用；实现纳米材料的全生命周期管理。

6.1.3 纳米能源材料与技术方向

突破方向：在能源转化、储电技术、储氢技术、太阳能电池以及燃料电池等方面要有突破。

5年内，要发展新型纳米能源转换（热电转换和电解水制氢等）材料及应用技术，高性能新二次电池材料规模化制备技术，Pt/非Pt燃料电池材料制备与应用技术，高容量固态纳米储氢材料与储氢装置研发技术和新型高效太阳能电池材料制备应用技术。实现新二次电池材料吨级规模化制备，实现新二次电池规模储能的工程示范，发展燃料电池研发基地，热电转换和电解水制氢的转换效率达到国际领先水平以及建立纳米能源材料品质标准。

时间	重要关键技术	里程碑
5年内	● 纳米能源转换材料（热电转换及电解水制氢）制备与应用技术 ● 高性能新二次电池材料规模制备的技术 ● 低 Pt/ 非 Pt 燃料电池材料制备与应用技术 ● 高容量固态纳米储氢材料与储氢装置研发技术 ● 新型高效太阳能电池材料制备应用技术	● 新二次电池材料实现吨级规模化制备 ● 新二次电池实现规模储能的工程示范 ● 建立燃料电池研发基地 ● 热电转换及电解水制氢的转换效率达到国际领先水平 ● 纳米能源材料品质标准的建立
5年后	● 纳米固态电解质的锂电池制备技术 ● 纳米固体电解质的中温固体氧化物燃料电池技术 ● 纳米储氢材料合成新技术 ● 超薄晶体硅薄膜产业化制备关键技术 ● 建立健全多层次能源储备体系	● 能量效率＞90%，实现在电动汽车上大规模使用，电池性能与国际先进水平接轨 ● 低（非）Pt 燃料电池应用示范 ● 1~2 种电池光电转换效率达到国际领先水平 ● 自主加工储氢装置的规模生产与应用

5年后，要完成纳米固态电解质的锂电池制备技术，纳米固体电解质的中温固体氧化物燃料电池技术，纳米储氢材料合成新技术和超薄晶体硅薄膜产业化制备关键技术；建立健全多层次能源储备体系；实现能量效率＞90%；实现在电动汽车上的大规模使用；电池性能与国际先进水平接轨，其中1~2种电池光电转换效率达到国际领先水平，实现低（非）Pt燃料电池应用示范；实现自主加工储氢装置的规模生产与应用。

6.1.4 纳米信息材料与技术方向

突破方向： 在新型纳米材料的电子器件与集成、纳米光电效应的新型光电器件、纳米尺度效应的传感材料与器件和电子信息领域基础纳米材料等方面要有突破。

5年内，要发展低维晶体薄膜、量子点平板显示器、关键纳米传感材料、关键电子信息纳米材料；实现宏观尺度、结构完整和性能优异的低维晶体薄膜的制备；低维纳米材料光电器件达到示范应用；部分纳米传感器材料与器件产品获得实际应用，部分电子信息材料实现进口替代。

5年后，要完成与CMOS技术兼容的低维纳米材料与器件、纳米光逻辑器件、智能纳米传感器和新一代纳米电子信息材料；实现纳米电子器件的规模化生产；新型柔性纳米光电器件进入日常生活；实现智能纳米传感器件在国防、环境监测、食品安全和汽车电子等领域中的大规模使用，电子信息材料全部替代进口。

时间	重要关键技术	里 程 碑
5 年 内	● 低维非硅半导体材料 ● 量子点平板显示器 ● 关键纳米传感材料 ● 电子信息纳米材料	● 宏观尺度、结构完整和性能优异的低维晶体 　薄膜技术 ● 低维纳米材料光电器件应用示范；部分纳米 　传感器材料与器件产品获得实际应用 ● 部分电子信息材料实现进口替代
5 年 后	● 与 CMOS 技术兼容的低维纳米材料与器件 ● 纳米光逻辑器件 ● 智能纳米传感器 ● 新一代纳米电子信息材料	● 纳米电子器件规模化生产 ● 新型柔性纳米光电器件进入日常生活 ● 智能纳米传感器件在国防、环境监测、食品 　安全和汽车电子等领域中的应用 ● 电子信息材料全部代替进口

6.1.5 纳米生物医学方向

突破方向：在组织修复与替代纳米材料、诊断与治疗纳米技术及产品、基因与细胞治疗、纳米安全性评价与标准等方面要有突破。

时间	重要关键技术	里 程 碑
5 年 内	● 组织诱导功能纳米生物医用材料 ● 早期、快速诊断方法与产品、靶向功能纳米 　药物 ● 高效安全的基因非病毒载体 ● 细胞治疗技术 ● 纳米生物医用材料标准体系 ● 纳米生物医药技术认证体系	● 组织替代物与功能修复物 ● 高通量检测 ● 特异性病灶组织或细胞的纳米药物、靶向诊 　断治疗 ● 纳米生物医用材料和技术的标准化评估
5 年 后	● 仿生纳米药物 ● 细胞治疗产品 ● 纳米生物医药技术研发与应用平台	● 纳米药物的生物相容性和有效性进一步提升 ● 制订纳米生物医药技术产品目录与标准 ● 形成产品创新平台、产业链、规模型产业基地， 　建立完整、规范、系统的标准化评估体系

　　5 年内，要发展组织诱导的功能纳米生物医用材料、纳米技术的早期与快速诊断的方法及产品、靶向功能纳米药物、高效安全的基因非病毒载体和细胞治疗技术，建立纳米生物医用材料标准体系和纳米生物医药技术认证体系；实现多种组织替代物与功能修复物的产品开发，实现诊断的高通量检测；实现特异性病灶组织或细胞的纳米药物和靶向诊断治疗，建立纳米生物医用材料和技术的标准化评估。

　　5 年后，要完成仿生纳米药物和细胞治疗产品的研发，建立纳米生物医药技术研发与应用平台；进一步提升纳米药物的生物相容性和有效性，完成纳米生物医药技术产品目录与标准的制订。形成产品创新平台、创新产业链和规模化大型产业基地，建立完整、规范、系统的标准化评估体系。

6.1.6 航天与军民融合纳米技术方向

时间	重要关键技术	里程碑
5年内	● 突破传统黑体辐射效率高效成像的热窄带辐射材料与器件 ● 轻量化、高性能的陶瓷基复合功能材料的制备与应用 ● 特殊纳米抗辐射涂层、吸波材料的制备	● 实现材料制备上的关键技术突破，初步获得热窄带辐射材料结构和器件原型 ● 部分材料能够实现宏量制备，并获得规模化制备的相关工艺参数 ● 部分特殊功能材料通过极端苛刻环境测试 ● 有5~10种新型材料与器件获得示范应用
5年后	● 轻质化高强度纳米合金材料 ● 纳米太阳帆等新型器件 ● 纳米概念军民两用探测技术与器件	● 若干项航天军民融合技术实现应用，并逐渐产业化 ● 部分航天材料与器件向民用化产业转移

突破方向：在航天装备用特殊纳米功能材料与纳米概念军民融合功能材料和器件等方面要有突破。

5年内，要争取在热窄带辐射材料与结构制备、能应用于苛刻环境的纳米能源材料与器件、纳米抗辐射涂层和纳米吸波材料等重点研究方面上取得里程碑式成果；初步获得热窄带辐射材料结构和器件原型，实现特殊功能材料制备的关键技术突破，初步获得规模化制备的工艺参数；部分材料通过极端苛刻环境测试，5~10种新型材料与器件获得示范应用。

5年后，要逐步开展轻质化高强度纳米合金、纳米太阳帆的设计与制备等方向研究，若干项航天军民融合技术逐步实现应用，部分材料及器件研究成果向民用化产业转移。

6.1.7 纳米检测技术与标准方向

时间	重要关键技术	里程碑
5年内	● 原位实时检测方法 ● 多尺寸显微成像技术 ● 联用检测方法与技术 ● 纳米物质标准化 ● 纳米材料检测产业化	● 光、电、磁等性质高分辨、高灵敏的实时动态和快速检测技术 ● 纳米的高空间分辨和时间分辨表征与谱学表征技术 ● 纳米尺度的光、电、热、磁、力等物化定量化测量技术
5年后	● 智能化仪器与软件 ● 结构优化与功能预测 ● 产业化纳米材料检测系统平台 ● 纳米技术国家标准化示范平台	● 实现智能制造和纳米检测的系统集成 ● 建立面向多指标、多模式的纳米材料制备、性能表征集成应用的系统平台 ● 系列设备、智能化控制、高精密仪器等有关产业和领域的深度融合和发展

突破方向：在纳米材料检测分析手段与检测标准体系的建设等方面要有突破。

5年内，要实现光、电、磁等性质高分辨、高灵敏的原位、实时、动态和快速检测，实现纳米尺度的高空间分辨和时间分辨表征与谱学表征，建立纳米物质标准化、纳米材料检测产业化、产业化的纳米材料制备、材料性能表征和结合材料性质应用的系统平台。

5年后，要实现智能化仪器与软件的系统集成，攻克结构优化与功能预测、建立产业化纳米材料检测系统平台和纳米技术国家标准化示范平台；实现智能制造和纳米检测的系统集成；建立面向多指标、多模式的纳米材料制备、性能表征、性质应用的系统平台；实现系列设备智能化控制、高精密仪器等有关产业和领域的深度融合和发展。

6.1.8 微纳加工和器件制备技术方向

时间	重要关键技术	里 程 碑
5年内	● 电子束高速图形化技术 ● 高精度微纳加工技术 ● 大尺寸 NEMS/MEMS 器件的制备	● 采用电子束高速图形化技术结合新型高精度微纳加工技术，在常规材料上实现多级次结构的大面积可控制备 ● 20.32cm（8英寸）NEMS/MEMS 器件瓶颈突破
5年后	● 仿生功能结构与器件设计制备 ● 高灵敏度传感器、柔性显示器的制备 ● 新型功能器件的关键设备与加工技术的开发	● 初步完成各种新型微纳加工制备的开发，实现在材料上的小规模应用 ● 材料制备、元件开发与系统集成上的获得突破性进展 ● 相关器件制备技术逐步产业化

突破方向：在电子束大面积高速图形化技术、高精度微纳加工技术以及大尺寸 NEMS/MEMS 器件的制备；新型高精度大面积微纳加工技术；仿生功能结构与器件的设计与制备；高灵敏度传感器和柔性显示器件的规模化制备等方面要有突破。

5年内，要争取在电子束高速图形化与技术、高精度新型微纳加工技术和大尺度 NEMS/MEMES 器件的制备取得里程碑式成果；实现用电子束高速图形化技术结合新型高精度微纳加工技术在常规材料上进行多级次结构大面积可控制备，突破8英寸及以上 NEMS/MEMS 器件的制备瓶颈，5~10种加工工艺得到应用。

5年后，要逐步完成新型微纳加工制备的整体开发，争取实现仿生功能结构与器件、高灵敏传感器和柔性显示器等制备技术的产业化应用；各类加工技术不断发展，在材料制备、元件开发与系统集成上获得综合应用。

6.1.9　纳米材料加工与检测关键仪器设备开发方向

突破方向：在重大科研仪器设备核心技术和关键部件的开发应用，通用检测仪器、加工设备、工程化仪器设备集成开发，专、精、特产业化制备仪器设备开发等方面要有突破。

时间	重要关键技术	里程碑
5年内	● 高灵敏度传感器件 ● 原位跟踪检测器件 ● 纳米材料加工设备 ● 高端精密科学仪器	● 高灵敏度、低检测限传感 ● 无损、多维度模式化超分辨成像分析设备 ● 高端科学精密设备的自主开发
5年后	● 多部件系统集成技术 ● 仪器设备国际化标准体系 ● 专、精、特仪器应用示范基地 ● 产业化通用性设备	● 实现具有知识产权、质量稳定可靠的仪器设备的开发 ● 建立支撑科学实验研究和检测服务平台 ● 系列纳米加工设备的批量化生产，建设纳米技术与仪器设备产业化示范基地

5年内，要开发重大科研仪器高精密度和灵敏度的核心部件，开发出高灵敏度传感器与原位跟踪检测器件；开发质量稳定可靠的多维快速超分辨成像技术与相关软件系统，开发无损、多维度模式化超分辨成像分析设备，实现纳米材料加工设备、高端科学精密仪器设备的自主开发。

5年后，要实现开发的技术与设备全面支撑科学实验，开发的仪器满足检测市场的需求，实现样机的规模化生产，整体技术要达到国内外领先水平；建立支撑科学实验研究和检测服务平台。

6.2　纳米科技未来发展的重要阶段与路线图

上海科技的发展以纳米技术作为主要支撑，上海未来纳米科技与产业的发展主要从9个方向进行布局。分别为纳米功能材料与技术方向、纳米环境材料与技术方向、纳米能源材料与技术方向、纳米信息材料与技术方向、纳米生物医学方向、航天与军民融合纳米科技方向、纳米检测技术与标准方向、微纳加工和微纳器件制备方向和纳米材料加工与检测关键仪器设备开发方向。

通过以上布局，期望在未来5年内，基础研究方面，取得70~100项基础研究成果；在基础研究成果基础上，取得45~70项应用技术成果；35~50项关键技术成果得以转化。利用所取得的成果，新增专业领军人才80~120名、具有国际影响力的创新人才45~70名，为纳米科技发展奠定基础（详见图6-2）。

标志性重要研究成果

产业应用 ▬ 若干项新技术形成产业，使传统产业得到提升，形成数千亿元级产业规模基础

人才工程 ▬ 新增专业领军人才 80~120 名、国际影响力人才 45~70 名，为纳米科技发展奠定基础

取得成果 ▬ 取得 70~100 项基础研究成果　　取得 45~70 项应用技术成果　　35~50 项关键技术成果得以转化

研究内容	2018 年	2019 年	2020 年	2021 年	2022 年
纳米功能材料与技术	1. 新型纳米材料的可控制备与多级构筑技术 2. 海洋防腐涂料等 3. 长效抗菌塑料及应用	1. 防护纳米纤维 2. 智能调湿涂料等 3. 水凝胶的可控批量化制备	1. 新材料可控量化制备技术突破 2. 生物医用纳米纤维 3. 轻质化热塑性聚合复合材料	1. 隐身涂料等 2. 导热塑料等 3. 特征水凝胶的新性能	1. 百吨级生产能力 2. 防护与生物医用产品 3. 结构功能一体化纳米聚合物 4. 石墨烯基导电复合塑料 5. 仿生微环境材料
纳米环境材料与技术	1. 典型废气治理 2. 水污染控制与水环境保护	1. 半封闭空间空气净化 / 室内空气净化 2. 饮用水安全保障	1. 污染物快速检测与识别 2. 噪声污染控制	受损土壤高效修复	全生命周期管理集成技术
纳米能源材料与技术	1. 微纳结构储电材料 2. 高效太阳能转换材料	1. 新二次电池 / 储能技术 2. 轻质纳米储氢材料 3. 低 Pt / 非 Pt / 非贵金属催化材料	1. 气固复合储氢技术 2. 太阳能转换器件 3. 高效燃料电池 4. 能源催化材料	1. 规模化储电系统的集成技术 2. 能源转化技术	1. 高效储氢系统的集成技术 2. 太阳能电池与器件 3. 燃料电池系统的集成技术 4. 能源转化的集成技术
纳米信息材料与技术	1. 纳米电子浆料、电子墨水 2. 低维纳米信息材料及器件 3. 纳米光电探测器件	1. 纳米抛光液 2. 新型气敏材料，MEMS 气体、生物传感器 3. 柔性电子材料与器件	1. Si 基和 C 基新型晶体管元器件开发 2. 选择性探测阵列构建 3. 面向显示器的低维材料与器件	1. 超柔性半导体单晶纳米薄膜规模化制备 2. 智能光电器件、新型功能器件模块	1. 基于纳米材料的 X 射线衍射光谱成像系统 2. 新型光电器件及系统集成
纳米生物医学	1. 纳米药物 2. 干细胞诱导、筛选 3. 纳米安全性评价技术的形成 4. 组织修复与替代材料部分产品转化	1. 组织修复与替代用纳米材料 2. 纳米医疗器件的开发 3. 基因、干细胞治疗 4. 建立纳米安全性标准	1. 个性化定制产品与手术器械产品 2. 纳米诊断技术与检测产品的完善 3. 基因、细胞载体	1. 调控细胞行动 2. 组织修复与替代材料、诊断与治疗纳米诊断产品形成 3. 实验室认证体系	1. 干细胞示踪成像 2. 形成产学研医转化体系
航天与军民融合	纳米吸波材料、纳米抗辐射涂层材料	轻质高强纳米复合材料和多功能纳米复合材料	1. 小型纳米航天器、纳米太阳帆 2. 材料性能显著提升	轻小型超精密成像仪、惯性导航光电器件	1. 结构功能元件设计与仿真技术的研究 2. 相关器件性能显著提升 3. 生产成本大幅降低 4. 特殊纳米涂层材料规模化应用
纳米检测技术与标准	原位实时检测方法	1. 多尺寸显微成像技术 2. 原位检测仪器与配件	1. 联用检测方法与技术、仪器与配件 2. 标准方法	1. 智能化仪器与软件 2. 检测标准与标准物质	健全检测与标准化全链条管理体系
微纳加工与器件	突破 20.32cm（8 英寸）MEMS/NEMS 制备瓶颈	常规材料加工工艺标准化	纳米压印非标化工艺放大	器件制备与性能表征	1. 新型绿色加工设备、技术工艺研究 2. 部分仿生器件示范应用 3. 纳米压印初步标准化 4. 电子束加工规模化应用 5. 大尺寸制备设备开发完成
关键仪器设备	高灵敏传感器件	1. 原位跟踪检测器件 2. 复合功能分析仪器	1. 纳米材料加工设备 2. 高端通用仪器开发	精密科学仪器开发	健全国产设备全链条管理体系
平台建设	提升现有平台基地功能		建立创新功能平台		打造特色国内外交流平台

图 6-2　纳米科技发展战略具体实施布局图

6.2.1 纳米功能材料与技术方向

在纳米新材料与功能材料方向的具体发展方针（详见图 6-3）。

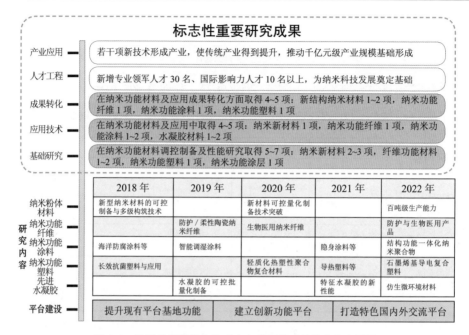

图 6-3　纳米功能材料与技术方向发展战略具体实施布局图

2018 年，在纳米材料领域发展新一代可控制备和多级构筑技术，实现其尺寸、晶态、形貌、纯度、表面缺陷和介观结构等可控；在纳米塑料领域，实现单一或多功能复合的纳米抗菌塑料母粒，保持 2 年以上 99.9% 的抗菌率，为其在家用电器、汽车、食品包装、医疗等领域的应用奠定基础；纳米功能材料与树脂表面形成分等级的结构，提高涂层的附着力与功能性，研究新型环保型海洋防污涂料，通过分子设计等手段研究低表面能防污涂料，并研究离子交换技术，实现长效防污涂料，3 年内实现海洋高性能涂料的产业化（≥ 2 000 吨 / 年规模）。建设纳米材料可控制备与技术应用服务平台。

2019 年，将侧重研究防护纳米纤维，突破直径分布均匀的超细纳米纤维产业化关键技术；发展具有显著空气滑移效应的纳米纤维空气过滤材料，实现高效低阻纳米纤维空气过滤材料的宏量制备；攻克纳米纤维防水透湿膜耐水压和透湿量难以同步提升的技术瓶颈，实现高耐水压、高透湿量纳米纤维防水透湿膜材料的连续化批量生产；开发具有小直径、低密度、低导热系数的柔性陶瓷纳米纤维，突破高温隔热用 SiO$_2$ 柔性纤维和光催化用 TiO$_2$ 柔性纤维的产业化关键技术，5 年内实现陶瓷纤维膜的连续化生产，并形成 10 吨 / 年的生产规模，所开发的柔性陶瓷纳米纤维隔热制品达到国内顶尖和国际先进水平；研究高强度耐久性的新型智能纳米涂料，开发具有除异味、除甲醛等多功能智能调湿涂料，形成纳米智能调湿材料质量控制标准和产品技术规范，建成一条纳米智能调湿材料中试生产线；发展新型手性水凝胶基元，解决水凝胶纳米结构的可控制备问题，并实现批量化制备和结构、形貌、智能化和力学强度等性能可控。

2020 年，将突破新型纳米材料的可控量化制备技术；开展生物医用纳米纤维的研究，探索纳米纤维和针织网片的复合工艺，对防粘连补片的安全性和功能性进行评价，建立质量控制体系，开发具有持续传输、共价抗菌、组织细胞引导的用于糖尿病足、静脉溃疡等世界性慢性难愈病症的高端技术型复合功能敷料等；突破高性能汽车面漆（如水性、耐划伤、耐紫外线、耐酸雨）以及电子产品表面涂层的制备关键技术；发展国家迫切需求的汽车结构件用高性能聚合物纳米复合材料的低成本制备技术，5 年内开发 1~2 种高性能低成本的聚合物纳米复合材料，用于起动机齿轮（目前用粉末冶金为主）和油过滤器等汽车结构件。建设高分子纳米复合材料规模化制备与技术应用服务平台。

2021 年，将重点布局飞机隐身涂料，发展耐温变、防覆冰、热反射的隐身涂料制备技术，实现相关产品的产业化生产，3 年内实现隐身、防覆冰涂层等的产业化（≥ 2 000 吨 / 年规模）；突破石墨烯填料在导热导电塑料领域的分散难题，开发石墨烯基导热塑料，实现对换热器中铜管的替代，满足极端条件与轻质化需求，开发电导率达到 10^{-6}S/cm 的白色无机导电塑料；制订该领域新标准。

2022 年，将发展纳米材料的宏量制造控制系统，实现功能可选、结构可控、产量递增的目标，达到年产能百吨级；研发高效轻质的纳米纤维气凝胶保暖材料，制备出单件质量在 500g 以下的超轻纳米纤维保暖军服，提高单兵作战能力；研发窄分布微纳米纤维，实现高效低阻，兼具一定强力、良好的透气、透湿性；开发低阻防霾口罩、空气净化器用静电纺纳米滤芯、防雾霾纱窗、静电纺纳米滤层等日用防护品；研究通用塑料高性能化、功能化、环境友好化的相关工程技术，研究军工、家电、汽车、微电子、设施农业等行业大量需求的各类复合改性专用料、特殊功能母粒和聚合物合金以及高档改性料的制成品；发展人体细胞生理和病理研究、医药筛选等领域可应用的仿生微环境材料，实现稳定性生产，并在 3 年内完成这些新型材料在化妆品、整容等领域应用；5 年内实现其在人体细胞生理和病理研究、医药筛选等人体组织工程中的规模化应用。建设纳米金属材料规模化制备与技术应用服务平台。

期望在未来 5 年内，基础研究方面，取得相关成果 5~7 项：纳米粉体材料 2~3 项，纳米功能纤维材料 1~2 项，纳米功能塑料 1 项，纳米功能涂料 1 项。在纳米功能材料与应用方面取得 4~5 项关键技术：纳米新材料 1 项，纳米功能纤维 1 项，纳米功能涂料 1~2 项，水凝胶材料 1~2 项。成果转化方面，具体为：新结构纳米材料 1~2 项，纳米功能纤维 1 项，纳米功能涂料 1 项，纳米功能塑料 1 项。鉴于所取得的成果，新增专业领军人才 30 名，具有国际影响力人才 10 名以上，人才不断出现，为纳米科技发展奠定基础。若干项新技术形成产业，让传统产业得到提升，为形成千亿元级产业规模奠定基础。

6.2.2 纳米环境材料与技术方向

上海科技的发展以纳米技术作为主要支撑，按照国家与上海市在环境领域的发展要求，上海未来科技与产业发展在环境方向主要从几个方面进行布局（详见图6-4）：典型废气治理、水污染控制与水环境保护、半封闭空间空气净化、室内空气净化、饮用水安全保障、污染物快速检测与识别、噪声控制、受损土壤高效修复以及全生命周期管理集成技术。大力开展战略高技术研究和原创性基础研究，提高科技持续创新能力，加强环境综合治理技术平台建设，构建环保领域创新平台，提升现有平台基地功能，引导企业积极参与纳米技术的研发及其产业化平台的建设，构建环境特色国际合作交流平台，促进高端人才的培养与前沿基础研究水平，显著提高国际影响力，积聚整合创新资源，加强产学研用结合，突破一批关键共性技术并实现产业化，共建环境纳米科学技术产业化平台的协同创新体系。

图6-4 纳米环境材料与技术方向发展战略具体实施布局图

2018年，侧重于典型废气治理、水污染控制与水环境保护，开发典型废气治理的纳米材料与技术，发展低成本污染物多功能净化技术；开发适用于自然水体、工业低浓度难降解有机废水与城镇污水的纳米吸附、催化和多功能化膜等材料，发展新型高效低廉无害化纳米技术的水处理协同技术，大力提升水环境污染防治能力，建设空气污染控制的纳米环境材料制备与应用技术服务平台。

2019年，将侧重于半封闭空间空气净化、室内空气净化与饮用水安全保障，重点开发适用于半封闭空间和室内空气低浓度、复合性污染物多功能的深度治理的纳米材料与技术，探究纳米材料微观结构和对表界面环境的精准构筑，发展污染物常温治理新材料与技术及多功能净化技术与工艺，全面提升环境空气质量；开发高效、无害化的水处理，协同深度治理的关键纳米技术与集成设备，改善饮用水水质。

2020 年，将侧重于污染物快速检测与识别和噪声污染控制，发展高灵敏、高分辨、消除污染物间交叉影响的探测元件与探测元件阵列，实现多种污染物同时、实时检测和痕量污染物检测；开发高效纳米降噪技术、新型纳米降噪设备、新型纳米降噪材料降低工业噪音污染；建设水质控制的纳米环境材料制备与应用技术服务平台。

2021 年，将侧重于土壤的高效修复和噪声污染控制方向，建设污染防控与污染地修复技术创新平台，发展土壤污染物分离、检测、甄别的纳米技术，探究不同污染物与纳米材料的选择性作用机制，开发高效修复土壤作用的新型纳米材料与修复技术，促进固废高值转化。

2022 年，将侧重于发展纳米材料全生命周期管理的集成技术，建立对纳米材料全生命周期环境影响和风险问题研究技术方法体系，实现对纳米材料二次污染效应的监控，为纳米材料全生命周期管理的成套技术体系提供技术支撑。

通过以上布局，期望在未来 5 年内，基础研究方面，取得相关成果 6~8 项，具体为：典型废气治理 1~2 项，半封闭空间 / 室内空气净化 1~2 项，水污染控制 1~2 项，饮用水安全保障 1 项，受损土壤修复 1 项，噪声控制 1 项。在基础研究成果基础上，取得 3~5 项应用技术成果，具体为：典型废气治理 1~2 项，半封闭空间 / 室内空气净化 1 项，水环境保护与饮用水安全保障 1~2 项。1~3 项应用技术成果得以转化，具体为：典型废气治理方面 1 项，半封闭空间 / 室内空气净化方面 1 项与水污染控制方面 1 项。鉴于所取得的成果，新增专业领军人才 10~20 名，国际影响力人才 5~10 名，人才不断出现，为纳米科技发展奠定基础。若干项新技术形成产业，使传统产业得到提升，为形成千亿元级产业规模奠定基础。

6.2.3 纳米能源材料与技术方向

上海科技的发展以纳米技术作为重要支撑，按照国家与上海市在能源领域的发展要求，上海未来纳米科技与产业发展在能源方向主要从 5 个方面进行布局（详见图 6-5）：能源转换、储电技术、储氢技术、太阳能电池与燃料电池方向。

2018 年，侧重于清洁能源转换用关键材料和储能材料与器件方向的研究。设计合成新型用于热电转换和电解水制氢的能源转换材料，能源转换效率达到国际先进水平；设计合成新型储能材料，构建具有优异能量存储性能的器件，发展高安全性动力 / 储能锂离子电池储能器件和锂硫、锂空、钠离子电池、液流储能电池等新一代二次电池。建设纳米能源材料制备与应用技术服务平台。

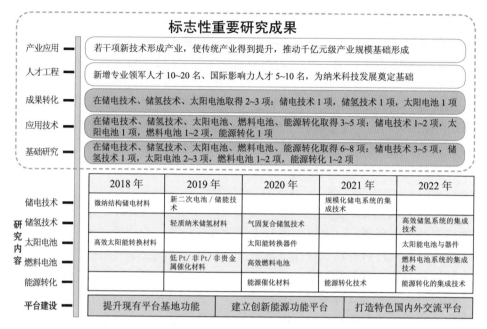

图 6-5　纳米能源材料与技术方向发展战略具体实施布局图

2019 年，将侧重于燃料电池方向，研究低 Pt、非 Pt 燃料电池及其应用技术。开展低 Pt/ 非 Pt/ 非贵金属燃料电池纳米电催化剂与纳米结构膜电极技术；开发低成本、高稳定非氟质子交换膜和高效阻醇质子交换膜和膜电极技术；研究纳米固体电解质的中温固体氧化物燃料电池技术，构建燃料电池能量储存与转化系统集成。

2020 年，将侧重于储氢技术方向与太阳能电池方向的研究。研发鉴于 Li、Na、B、N、Mg 和 Al 等轻质元素的新型固态纳米储氢材料；发展纳米储氢材料合成的新方法和新技术，研究纳米金属储氢材料大容量储氢瓶结构设计和加工技术；研制新型储氢装置，开发系统集成的工程技术；设计与制备高效太阳能电池材料，器件组装与集成，探究光电转换过程新机制与新应用；研究无铅或低铅的高效有机无机杂化钙钛矿型太阳能电池，进行太阳能电池中光电耦合机制和陷光纳米结构以及柔性器件中的纳米结构、界面、机械特性等共性技术研究；开发新型高效太阳电池的材料，掌握对纳米结构的精准调控，为超薄晶体硅薄膜产业化制备提供关键技术支持。建设新型纳米能源材料制备与应用技术服务平台。

2021 年，将侧重于纳米能源转换方向。研究具有特定结构和功能的纳米能源催化剂与高效催化新途径，探索催化剂的纳米结构以及外场对催化过程的影响和调控，调控光电催化剂的纳米结构和功能，开发分子与材料的纳米结构设计、合成调控的新策略，形成新型纳米复合材料的光电催化转化、能源存储的新方法和新技术。

2022 年，将侧重于储电技术、储氢技术、太阳电池、燃料电池与能源转换的共性关键问题研究，发展能量转换与存储系统集成。

通过以上布局，期望在未来 5 年内，基础研究方面取得相关成果 8~10 项，具体为：能源转换 1~2 项、储电技术 3~5 项，储氢技术 1 项，太阳能电池 2~3 项和燃料电池 1~2 项。在基础研究成果基础上，取得 3~5 项关键技术成果，具体为：能源转换 1 项，储电技术 1~2 项，燃料电池 1~2 项，太阳能电池 1 项和储氢技术 1~2 项。2~3 项关键技术成果得以转化，具体为：储电技术 1~2 项，储氢技术 1 项与太阳能电池 1 项。鉴于所取得的成果，新增专业领军人才 10 名、具有国际影响力的创新人才 2 名，为纳米科技发展奠定基础。若干项新技术形成产业，传统产业得到提升，为形成千亿元级产业规模奠定基础。

6.2.4　纳米信息材料与技术方向

上海科技的发展以纳米技术作为主要支撑，按照国家与上海市在信息领域的发展要求，上海未来纳米信息技术方向主要从以下方面进行布局（详见图 6-6）：主要有电子信息产业发展基础纳米材料、新型纳米电子材料与器件、新型纳米光电材料与器件、新型纳米传感材料与器件、柔性纳米电子器件与集成系统等方向。

2018 年，侧重于开发新型纳米电子浆料、电子墨水等；开发新型低维度纳米信息材料（包括纳米管、量子点、纳米晶、纳米线等）与器件，构建 CMOS 工艺兼容的 Si/C 光电器件，研制具有选择性的新型光电探测器件，开发具有探测连续波长性能的光电探测阵列系统。

图 6-6　纳米信息材料与技术方向发展战略具体实施布局图

2019 年，将侧重于设计合成新型的气敏材料，构建常温下具有优异气体敏感性能的 NEMS/MEMS 器件，发展高灵敏性、高选择性的气体敏感器件和高灵敏度生物传感材料及检测器件；面向半导体和 LED 等行业中的新型、高效、低成本、绿色环保的抛光液的创新安全制备技术和规模化生产工艺；发展新型柔性智能可穿戴纳米材料与器件。建设纳米信息材料制备与应用技术服务平台。

2020 年，将侧重宏观尺度、结构完整和性能优异的低维半导体纳米材料和超柔性半导体单晶纳米薄膜的大规模制备；用于平板显示器件的低维纳米材料（如量子点、纳米晶、纳米线、层状导体 / 半导体 / 绝缘体等）的开发与制备工艺；面向集成电路与大数据计算等产业，开展基于一维、少层二维新型材料的 Si 基、C 基新型电子元器件的研究，并逐步建立其应用标准。

2021 年，将侧重于针对微弱信号、电荷存储等发展具有低成本、环保、智能的光、热、电、磁响应的高灵敏非制冷综合检测系统，主要包括智能感知系统需求的新型功能器件模块的制备与集成，磁电耦合的微弱磁场检测系统等；开展新型纳米存储器件的研究；开展智能纳米材料与器件化研究。

2022 年，将侧重于开发无机、有机 LED 器件与 CMOS 结合的微显示系统的开发，同时启动 X 射线衍射光谱的高效分辨与成像系统集成、新型光电子器件与系统集成研究；服务于前沿探索的未来显示系统；战略化布局纳米信息系统集成等前沿课题。

通过以上布局，期望在未来 5 年内，基础研究方面，取得相关成果 13~21 项，具体为：光电探测 3~5 项，纳米传感 3~5 项，光电材料与器件耦合 4~6 项，新型纳米元器件 2~3 项和高分辨成像 1~2 项；在基础研究成果基础上，取得 4~8 项关键技术成果，具体为：光电探测 1~2 项，纳米传感 2~3 项，抛光液 1~2 项，光电材料与器件耦合 2~3 项，新型元器件构建 1~2 项；4~6 项关键技术成果得以转化，具体为：波段选择性响应探测 1~2 项，纳米传感 1~2 项，抛光液 1~2 项和量子点显示器 1~2 项。鉴于所取得的成果，新增专业领军人才 5~10 名，具有国际影响力的创新人才 5~10 名，人才不断出现，为纳米科技发展奠定基础。若干项新技术形成产业，使传统产业得到提升，为形成千亿元级产业规模奠定基础。

6.2.5 纳米生物医学方向

纳米生物医学方向未来科技与产业发展主要从 4 个方向进行布局（详见图 6-7），分别为：组织修复与替代用纳米材料、诊断与治疗纳米技术与产品、纳米技术的基因与细胞、纳米安全性评价与标准。

2018 年，侧重于现有纳米材料、技术评价与标准的制定，使各个研究单位与企业之间的研究成果得以规范和共享；加强平台建设，提升现有平台基地的功能。重点扶持纳米药物和干细胞诱导和筛选的研究、部分研究较为成熟的组织修复与

图 6-7　纳米生物医学方向发展战略具体实施布局图

替代材料向产品转化。建设纳米生物材料制备与应用技术服务平台。

2019 年，将在不断巩固优势技术和产业的同时，侧重于组织修复与替代用纳米材料的研制，使其尽快形成产业标杆，对后期诊疗产品的转化起到引领作用；注重纳米医疗器件和基因、干细胞治疗的研究开发，建立纳米安全性标准。

2020 年，在早期平台建设的基础上，开展个性化定制医疗产品的尝试，逐步完善个性化精准医疗产业链，配套手术器械的研制与产品投入，进一步推动生物医药产业更快速健康发展；完善诊断技术与检测系统，研制基因与干细胞药物载体的研制，提高人民健康生活水平，降低医疗保障的支出和提高重大疾病病人的生活质量。建设纳米医药材料制备与应用技术服务平台。

2021 年，将侧重于组织修复与替代材料、诊断与治疗技术的发展，逐步形成一批成熟的产品，随着老龄化社会的到来，针对重大疾病和常见病的特效药物以及相应伴随诊断技术的开发研制的意义重大，开展现有疾病以及新出现疾病的生物标志物筛选、发病机制与药理作用等方面的基础研究，推进产学研医一体化进程、政策制定与市场准入的标准规范。建设诊疗技术中的纳米应用技术服务平台。

2022 年，将形成一个产学研医一体化产业链。

提升原有产业基地的功能，建立创新生物医药功能平台，打造生物医药特色的国内外交流平台，切实形成产学研医一体化的转化体系，将有利于上海成为产业转化的示范标杆，吸引更多的人才。随着传统产业得到提升，形成千亿元级产业规模基础，新增领军人才以及具有国际影响力的创新人才日益增多，将为纳米生物医学产业发展奠定坚实的基础。未来 5 年内，在纳米生物医学领域将出现成果转化 1~3 项，应用技术研究成果 3~5 项，基础研究成果 5~8 项。这些技术成果将持续不断地为该产业提供源源不断的发展动力，以科研促转化，以转化促科研，形成研发与产业相互促进、不断上升的良性循环。

6.2.6 航天与军民融合纳米科技方向

上海科技的发展以纳米技术作为主要支撑，按照国家与上海市在航空航天领域的发展需求，上海未来科技与产业发展在航天和军民融合方向主要从以下方向进行布局（详见图 6-8）：特殊纳米涂层材料的设计与性能提升、新一代高强合金材料的研发与规模化生产、航天军民两用器件的设计与性能提升；新型元器件的仿真与制备。

图 6-8　航天与军民融合纳米科技方向发展战略具体实施布局图

2018 年，侧重于中远红外探测成像用的窄带热辐射材料与器件构建的研究，主要以纳尖结构等离激元的超高光 - 电 - 热转换效率为基础，构建平面纳尖膜、直立纳尖膜的纳尖阵超结构控光吸收器，通过电调控制其光吸收率，构建阵列化纳光场与光敏等离子激元的高度压缩，完成新型光致热载流子的中红外光源和探测原型器件的初步构建。

2019 年，将侧重于陶瓷基特殊材料、高强度纳米合金复合功能材料的研究，主要开展高导热陶瓷基板用粉体材料、轻质高强纳米合金材料的制备研究；进一步提高航天用陶瓷基功能材料、合金材料的性能，并降低生产和应用成本；在航天军工技术民用化政策引导下，进一步降低生产成本；重点开发新型具有复合性能的超轻超薄超强的合金材料，并取得一定规模突破。

2020 年，将侧重于航天军民两用器件的制备与工艺研究，具体包括与探测、能源密切相关的小型纳米航天器、纳米太阳帆等器件的整体设计与制备。

2021 年，将侧重于轻小型超精密成像制导、惯性导航光电器件的设计与制备；重点开展微观形貌与宏观性能综合检测与评价等技术研究。建设航天与军民融合应用纳米技术服务平台。

2022 年，将侧重于孵化航天军民融合微结构功能元件设计与仿真技术研究，以航天军民融合需求为指导，开展跨学科跨单位的合作，开展为新型航天器件服务的微纳级微结构功能元件设计与仿真技术的研究，如虚拟飞行系统中用于实时联系的纳米电子器件等。

通过以上布局，期望在未来 5 年内，在基础研究方面取得相关成果 8~11 项，具体为：用于苛刻环境下的功能材料 3~5 项；器件与工艺上有 3~4 项技术突破，系统性能 2~3 项；在基础研究成果基础上取得 5~7 项关键技术成果，特殊功能材料 2~3 项；在轨测试性能 2~3 项和即时通讯元器件 1~2 项；3~6 项关键技术成果得以转化，具体为：特殊功能材料 1~2 项，元器件应用 1~2 项和整体航天器制备工艺 1~2 项。鉴于所取得的成果，新增专业领军人才 2~3 名、具有国际影响力的创新人才 1~2 名，为航天军民融合产业的发展奠定基础。

6.2.7 纳米检测技术与标准方向

上海纳米技术的发展以检测技术作为重要支撑，按照国家与上海市在纳米材料检测与标准领域的发展要求，上海未来纳米科技与产业发展在纳米材料检测与标准方向主要从 4 个方向进行布局（详见图 6-9）：分别为高分辨与谱学表征方向、跨尺度测量方向、纳米制程与检测一体化方向和检测标准化方向。

2018 年，侧重于检测原理的研究，实现原位实时检测的表征技术。重点开发光、电、磁等性质高分辨、高灵敏的原位、实时、动态和快速检测技术，实现纳米尺度的高空间分辨和时间分辨表征与谱学表征技术。

2019 年，将侧重于检测原理与检测方法，研究多尺寸显微成像技术与原位检测仪器与配件的开发。重点发展物理模型的计算、纳米测量方法、光学测量法、电子测量法和探针测量法等关键技术，实现纳米检测的准确性与可靠性。建设纳米材料检测分析与标准技术服务平台。

2020 年，将侧重于检测原理、检测方法与检测标准 3 个方向。研究联用检测方法与技术、联用检测仪器与配件、检测方法的研究。实现具有多指标和多模式性能的仪器开发与生产，实现开发的检测技术与设备在食品卫生、疾病控制、环境监控和智能制造等领域的应用。

2021 年，将侧重于检测方法与检测标准的研究，进行智能化仪器与软件的开发。重点发展纳米技术领域国家标准，基础性术语和定义等标准，定量检测与表征的纳米技术标准与纳米产业标准，实现以标准形成规范纳米技术的科学实验研究、纳米物质的检测方法，纳米产品的生产方式和质量评价。

图 6-9　纳米检测与标准方向发展战略具体实施布局图

2022 年，将侧重于检测原理、检测方法与检测标准的共性关键问题研究，实现纳米技术科学化研究、纳米材料规范化检测、纳米产品标准化生产的系统平台，健全检测与标准化全链条管理体系。

通过以上布局，期望在未来 5 年内，基础研究方面取得检测原理 4~5 项，检测方法 3~5 项和检测标准 2~5 项。在应用技术方面，取得检测原理相关成果 2~4 项，检测方法 2~5 项和检测标准 3~5 项。在成果转化方面，取得检测方法 5~6 项和检测标准 4~6 项。鉴于所取得的成果，新增专业领军人才 5~10 名、具有国际影响力的创新人才 5~10 名，为纳米科技发展奠定基础。若干项新技术形成产业，传统产业得到提升，为形成千亿元级产业规模奠定基础。

6.2.8 微纳加工和微纳器件制备方向

纳米技术是上海科技发展的主要支撑项目之一，按照国家与上海市在微纳制造领域的发展需求，上海未来科技与产业发展在微纳制造上主要向以下方面进行重点布局（详见图 6-10）：大尺寸 NEMS/MEMS 器件加工与相关设备开发、电子束高速图形化、大面积浇筑与图形化转移和纳米压印、仿生功能结构与器件和新型微纳加工等方向发展。

2018 年，侧重于大尺寸 NEMS/MEMS 相关微纳加工制备方向，面向上海市相关产业的发展，重点研究与硅（Si）基相关的加工制备工艺，如表面清洗、

标志性重要研究成果

产业应用	若干项新型技术形成产业，传统产业得到优化，推动千亿元级产业规模基础形成
人才工程	新增专业领军人才2~3名、国际影响力人才1~2名，为微纳制造科技发展奠定基础
成果转化	MEMS大尺寸加工方向1项，仿生器件1~2项
应用技术	MEMS大尺寸加工方向1~2项，电子束及纳米压印1~2项；仿生器件及材料1~2项
基础研究	MEMS大尺寸加工技术突破2~3项，电子束加工3~4项；纳米压印1~2项，仿生器件2~3项；新型技术2~3项

研究内容	2018年	2019年	2020年	2021年	2022年
新型加工技术					新型绿色加工制备、技术工艺研究
仿生器件				器件设备与性能表征	部分示范试用
纳米压印			纳米压印非标化工艺放大		初步标准化
电子束加工		常规材料加工工艺标准化			规模化应用
MEMS器件	突破20.32cm(8英寸)MEMS/NEMS制备瓶颈				大尺寸制备设备开发完成
平台建设	提升现有平台基地功能		建立微纳制造创新平台		打造微纳制备国内外交流平台

图 6-10　微纳加工和微纳器件方向发展战略具体实施布局图

等离子刻蚀和大规模均匀沉积柔性薄膜的制备技术等，突破国内 Si 基底 NEMS/MEMES 器件加工的 20.32cm（8 英寸）瓶颈，开发出更大尺度的加工制备技术与工艺，逐步建立相关标准。

2019 年，将侧重于电子束高速图形化方向，包括配套相关共享设备，积极开展对电子束高速成型的加工制备工艺的研究，如电子束电流、加速电压、扫描速度等参数对器件成型的影响，针对不同材料研究出能够快速图形化的相关工艺与制备参数，向国际高水准加工制备技术靠近。建设微纳加工与微纳器件制备与应用技术服务平台。

2020 年，将侧重于大面积浇筑与图形化转移和新型纳米压印方向，大面积浇筑与图形化转移主要研究面向大面积制备的新型浇筑与图形化转移技术，按照现有基础良好的光刻技术，为大规模生产使用确定必须的环境和标准；同时发展更高精度的电子束光刻技术、离子与原子束刻蚀工艺；新型纳米压印方向主要研究内容为：面向集成电路、存储、镜头等产业，从非标准化加工开始，开展新型纳米压印技术与工艺的开发和推广，为纳米制造提供新的技术支撑。

2021 年，将侧重于仿生功能结构与器件方向的研究，面向化学检测和生物医药等领域，结合多种微纳加工技术与工艺，逐步开展相关器件的制备与性能表征，发展具有低成本特征的仿生功能器件，并建立相关工艺标准。

2022 年，将侧重于孵化新型微纳加工方法，主要研发大面积和高分辨率的加工制备创新方法和工艺；积累绿色制造技术与产品经验，为实现复杂多级次结构的低成本、可设计和大面积可控制造奠定基础，如原子尺度的可控结构、分子级别的组装等。

通过以上布局，期望在未来 5 年内，基础研究方面取得相关成果 12～15 项，具体为：集成电路加工技术方向 2～3 项，电子束加工 3～4 项，纳米压印 1～2 项，仿生器件 2～3 项和新型制备技术 2～3 项；在基础研究成果基础上取得 3～6 项关键技术成果，具体为：集成电路 1～2 项，电子束与纳米压印 1～2 项和仿生器件及材料 1～2 项；关键技术成果得以转化 2～3 项，具体为：集成电路 1 项和放声器件方向 1～2 项。鉴于所取得的成果，新增专业领军人才 2～3 名、具有国际影响力的创新人才 1～2 名，为微纳制造业的发展奠定基础。将若干项新技术实现产业化应用，提升传统产业技术，为形成千亿元级产业规模奠定基础。

6.2.9 纳米材料加工与检测关键仪器设备开发方向

上海纳米科技的发展以重大仪器作为重要支撑，按照国家与上海市在大型仪器领域的发展要求，上海未来科技与产业发展在大型仪器方向主要从 3 个方面进行布局（详见图 6-11）：重大科研仪器设备核心部件方向，通用性仪器设备集成方向，大型制备仪器、科学仪器设备开发方向。

图 6-11　纳米材料加工与检测关键仪器设备开发方向发展战略实施布局图

2018 年，侧重于高灵敏度传感器的开发，实现低检测限、高准确度测量。实现在光、电、声、气、力等的检测仪器中的应用。

2019 年，将侧重于大仪器核心部件开发与仪器设备集成，实现原位跟踪检测器件开发与复合功能化分析仪器的开发。

2020 年，将侧重于通用检测仪器、加工设备、工程化仪器设备集成开发，高端通用仪器开发，实现开发纳米材料加工设备，完成纳米材料的合成、分散、改性、修饰等；实现在成像设备、纳米加工设备的创新，达到国内外领先水平，开展工程化开发、应用示范和产业化推广。

2021 年，将侧重于专、精、特产业化制备仪器与科学仪器设备的开发，重点开发高端通用仪器工程化与应用和精密科学仪器，攻克分析仪器、物理性能测量仪器、电子测量仪器和计量仪器开发的关键技术。开发创新型大型精密科学仪器。

2022 年，将侧重于大型仪器研发。针对重大科研仪器设备核心部件、通用性仪器设备集成、大型制备仪器、科学仪器设备开发的共性关键问题进行探索与研究，发展健全国产设备全链条管理体系。

通过以上布局，期望在未来 5 年内，基础研究方面取得核心技术和关键部件 4~5 项，仪器设备集成 5~8 项；在基础研究成果基础上，取得仪器设备集成开发 5~6 项，产业化制备仪器设备 5~6 项；8~10 项关键技术成果得以转化，具体为：仪器设备集成开发 4~5 项，产业化制备仪器设备 4~5 项。鉴于所取得的成果，新增专业领军人才 3~5 名、具有国际影响力的创新人才 3~5 名，为纳米科技发展奠定基础。若干项新技术如能形成产业，传统产业将得到提升，为形成千亿元级产业规模奠定基础。

第七章 纳米科技发展的对策建议

纳米科技涉及的领域较多，应用范围也较广，是世界各国目前研究的最主要热点之一，它的发展能够促进科技与新型产业的发展，推动传统产业的改造与竞争力递增。一批颠覆性和创新性的纳米科技成果不断涌现，被世界主要发达国家视作推动本国科技创新发展的主要驱动器。

大力发展上海的纳米科技既符合中央对上海建设"具有全球影响力的科技创新中心"战略的要求，又符合中央对上海进一步集聚和融汇全球科技要素以推进上海产业升级的要求。纳米科技的发展有助于提升上海产业效率，有利于优化配置上海内外资源，有利于推进上海先进制造与现代服务的多层次新型工业化进程。

当前，在上海加快建设具有全球影响力的科创中心和打造新型产业集群的背景下，如何对纳米科技发展进行前瞻性、创新性和应用性布局，显得尤为重要。纳米科技发展的布局既要考虑纳米科技发展的基本规律，又要考虑纳米科技对上海科技与产业发展的支撑作用。

针对上海科技与产业发展对纳米科技的需求，上海纳米科技的未来发展，首先应制定与国家发展和规划对接的相关政策；注重前瞻性创新与学科交叉发展的导向作用；注重应用与产业需求发展的导向作用；注重研发与服务平台建设发展的导向作用；注重重大建设与国防需求发展的导向作用；建立上海纳米科技发展专项基金；制定高层次人才政策；加强专利与标准意识，规范市场行为；加强纳米科技的宣传力度，避免恶意炒作。

7.1 制定与国家发展和规划对接的政策

全面分析我国社会、经济和科技发展的战略需求，强化国家目标导向，建立完善的协调机制，依据国家层面在纳米科学领域的布局和上海市发展的要求，布局相对应的纳米科技的发展方向，建立与发展需求匹配的政策支撑体系、创新技术体系和激励机制。强化以国家发展需求为目标的导向，对于诸如纳米材料制备技术、纳米器件加工技术和表征技术与设备等目前相对落后、但对未来产业竞争起重要作用的领域，进行强化部署，努力突破制约纳米科技发展的技术瓶颈，力争在这些领域尽早实现重点跨越，跻身国际前沿。

7.2　强化前瞻创新与学科交叉发展的导向

遵循科研活动的内在规律，鼓励问题驱动的科学探索，支持原创性、前瞻性和创新性的纳米科技研发，推动上海成为科学家潜心研究的乐园、原创成果持续涌现的热土、新领域与新方向培育的基地，为上海科技与产业发展新优势提供源动力。

第一、稳定增加投入，支持广泛探索

持续增加原创性、前瞻性和创新性研究的政府投入，逐步提高基础研究经费支出占全社会 R&D 经费支出的比例。探索基础研究的多元投入机制，提高资助率和资助强度。鼓励多学科交叉、自由探索的科学研究，培育新兴研究方向。对纳米能源、环境、健康、信息和国防科技等领域进行持续稳定的支持，保障研究的持续性和系统性，促进原创性成果的产生。

第二、优化评价机制，坚持持续跟踪

打造科技成果原始创新和应用评价系统，建立多专业学科、多维度、多层次、多渠道的成果评价体系，建立专业的成果评价服务机构；探索应用大数据分析等方法的科技成果和人才发现机制，针对具有重大前景的领域方向和更具创新能力的优秀团队，建立长期跟踪和持续支持机制。

第三、培育创新群体，打造多元平台

针对纳米科技发展的特点和目标，打造协同创新、交叉融合的创新群体和平台，围绕发展目标，凝练研究方向，集聚多学科力量，协同攻关，加快技术突破；建立前沿方向探索平台，鼓励研究人员从不同角度和不同思路开展研究，拓展新领域和新方向；建立促进学科交叉的研发平台，鼓励跨单位、跨领域科研人员深入交流，开展合作，促进学科交叉、有机融合的纳米科技研发的创新局面。

7.3　强化应用与市场需求发展的导向

创建基础研究 - 应用研究 - 技术转移的一体化研究路线，积极营造有利于开展产学研金用的发展环境，激发产学研金用各方合作的积极性。进一步制订与完善有利于产学研金用有机结合的机制，鼓励企业和投融资在立项前期就积极参与，结合企业产品制订技术方案与目标，在项目实施阶段加大投入，在成果产出后结合产品开发推进成果转化，提升企业的竞争能力。通过政策法规，引导企业建立现代企业制度，鼓励企业增加对科技的投入，规范和保证产学研金用合作各方的利益。通过强化管理，引导企业建立技术创新机制，投融资创新机制，推动科技与经济有机结合，提高技术创新能力，提高企业适应市场发展与转型的能力。

7.4　强化研发与服务平台建设的导向

上海纳米科技经过多年的发展，已积累了大量实验室科研成果，这些成果有的处于探索阶段，有的处于试验阶段，有的处于论证阶段，有的处于小试阶段等。但是，达到应用水平阶段的成果非常少，所以，如何加快已取得的成果进入市场已成为当前急需解决的关键性问题。解决以上问题应从发展体系方面入手，首先该领域目前缺乏与此配套的硬软件条件，而这些条件的缺乏严重阻碍了实用性成果的诞生，影响了纳米科技的健康快速发展。因此，必须加快研发与服务平台支撑体系的建设。

平台建设，要以支撑上海"科创中心"建设、支撑上海科技与产业发展为目标，有所为、有所不为，打造若干个纳米科技研发与服务平台。要以原始创新与科技发展、新材料与新兴产业发展、健康与医疗产业发展、环保与能源产业发展、纳米科技与国防发展等需求为引领，建立研发与应用一体的服务平台，开发具有应用前景的核心技术和共性技术，支撑科技成果在各领域的转化与应用。通过建立平台，搭建科技成果与市场的"桥梁"，促进产学研金用的有机结合，促进实验室科技成果向市场需求的科技成果转化，全面提高上海科技投入产出比。

第一、推动产学研用各类创新主体协同发展

目前，在第一线从事科技研究的科研人员基本上都根据各自发展需求，建立了学研、产研、产学研、产学研用等合作机制，这些机制在一定程度上促进了教学、科研和产业的快速发展。但是，随着国家与上海市进入新的发展时期，对科技与产业的要求越来越高，如何以最少的资源、最快的时间和最好的结果来实现科技对国家和上海市发展需求的全面支撑，这就需要我们不断完善现有机制，不断探索新的科技创新机制，建立与发展目标关联的创新主体，将现有机制整合到各创新主体，完成为了发展目标协同创新的布局。布局协同创新，建立协同创新机制，就是为了整合资源，避免重复，在机制内充分发挥各自优势和承担的责任，多快好省地实现拟定的发展目标。纳米科技涉及的面很广，应该围绕"十三·五"拟定的发展目标建立协同创新主体，协同创新机制，在发展中不断完善协同创新体系，为上海科技与产业的快速健康发展做好护航。

第二、发挥社会组织的协同服务作用

纳米科技健康发展的标志之一，就是实现了研发与成果、产业与产品、标准与服务、教育与科普的全面市场化，也就是科研有需求、成果有评价、成果有出处、争议有标准、人才有储备、科普有基地。因此，为了早日实现纳米科技的健康发展，我们必须做到发挥社会组织的协同服务作用：

（1）建立与发展匹配的创新服务体系与标准以及具有服务功能的社会组织和

团体。

（2）对现有的从事科研与企业服务的社团、基金会等社会组织进行服务功能梳理与整合，鼓励围绕服务目标开展协同创新功能服务。

（3）充分发挥好社会组织在政府与市场间的桥梁纽带作用，由政府资助各类社会组织提供创新功能服务，携手实现国家发展目标。

7.5　强化重大建设与国防需求发展的导向

纳米科技将启动新的军事技术革命，它将对武器材料制造、电子与计算机技术、军事医药与生物武器技术、作战环境与后勤资源产生重大影响。在一些发达国家，军方对纳米科技的投入和研究已经超过了其他领域。相对其他学科，我国对纳米科技的研究起步并不晚，但对纳米科技与纳米材料在军事上的应用研究还十分薄弱，这为我们研究纳米科技在军事领域中的应用与发展提供了一个巨大空间。

（1）高度关注纳米科技发展趋势及其在重大建设和军事领域的影响，加强纳米科技的基础理论研究，加速其在重大建设和国防军事装备中的应用。

（2）组织力量开展面向重大建设与军用领域的应用技术研究，努力将纳米科技成果应用在国家重大建设和新武器装备上。

（3）上海纳米科技的发展应继续在需求导向和创新中扮演主要角色，着眼国家安全和发展战略全局，统筹经济建设和国防建设，为纳米科技在现代国防建设领域的应用做好布局，全面提高军民融合的共性纳米材料与技术研发能力。

7.6　建立上海纳米科技发展专项基金计划

建立上海纳米科技发展专项基金，是全面提高上海纳米科技发展整体水平的重要措施。上海科技产业发展水平和速度与上海纳米科技发展水平和速度关系密切，布局好"十三·五"期间"上海纳米科技发展专项基金"项目，关系到上海"科创中心"建设、"4个中心"建设、实体和创新创业的发展。所以，在布局"十三·五"期间，"上海纳米科技发展专项基金"项目要努力做到：

（1）按照《国家中长期科技发展规划纲要（2006~2020年）》部署，根据国务院《关于深化中央财政科技计划（专项、基金等）管理改革的方案》和科技部、教育部、中国科学院等部门组织专家编制的"纳米科技"重点专项实施方案以及上海未来科技与产业发展的要求，总体布局上海纳米科技发展专项。

（2）总体目标是获得重大原始创新和重要应用成果，提高自主创新能力与研究成果的国际影响力，力争在若干优势领域率先取得重大突破，如纳米能源与环境技术、纳米尺度超高分辨表征技术、纳米结构材料制备与工业化应用、纳米生物与医用材料、新型纳米信息材料与器件以及新型纳米药物与诊断技术研发与产业化等，继续保持我国在纳米科技国际竞争中的优势，并推动相关研究成果的转化应用。

（3）坚持"有所为、有所不为，总体跟进、重点突破"的原则，选准定位，采用新的机制，充分调动全市科研人员的积极性，以"突出重点、奠定基础；开放联合、整合资源；政府引导、市场运作"的工作思路和方针，将近期目标和长远目标相结合，在一些特别重要并已积聚一定优势和力量的局部领域中加大投入力度，如纳米材料与纳米结构研究、纳米材料应用关键技术、新型纳米材料制备和工业化技术、纳米能源转换材料、纳米环境净化材料、纳米电子和光器件、纳米生物传感器、纳米药物以及纳米测量与表征技术等领域中，启动一批重大 / 重点项目，争取在较短时间内缩短与世界先进水平之间的差距，甚至取得突破性进展。

（4）建立若干具有特色、世界先进水平、纳米科技重点研发与产业化服务平台，培养若干具有重要影响力的领军人才和团队，加强基础研究与应用研究的衔接，带动和支撑相关产业的发展，加快纳米科技科研机构、创新链和产业园的建设，推动纳米科技产业发展，带动相关研究和应用示范基地的发展。

（5）发展纳米科技并促进其实现产业化是一项艰巨、长期的任务，在布局发展计划时，既要充分把握国内外发展趋势、考虑纳米科技对促进科技和经济发展的重要作用，又要从现实出发考虑已有基础。因此，通过每年对研究体系平台的建设和科研项目研发提供专项资金（计划 3 亿 / 年），实现与国家纳米科技重点研发计划对接，实现上海纳米科技与经济和人才发展专项对接，提升上海在纳米科技领域的竞争力和国际地位，促进纳米科技在新型产业和传统产业中的应用。

7.7 纳米科技发展人才政策

纳米科技发展与各类人才关系密切。因此，一方面要制定引进和培养人才的政策，另一方面通过各类项目的布局，促进纳米科技发展所需人才的培养。

第一、不断完善引进与培养纳米科技人才政策

围绕上海纳米科技发展所需人才的层次和专业，制定出一系列有利于各类人才集聚上海的政策，制订激励在岗人才成才计划，努力做到以人才为本，将项目、人才和基地有机结合。

（1）不拘一格地引进国内外一流领军人才领衔承担上海重大科学研究任务，完善与国内外一流学术与技术团队交流的合作机制，试点优秀学生毕业后直接留沪就业等制度；进一步完善科技人员户籍、居转户和居住证积分制度，优化人才业绩、实际贡献、薪酬水平等市场评价标准；通过中央和上海"千人计划"、东方学者、"浦江人才计划"等人才引进计划，积极引进一批高层次创新创业人才，同时打造纳米产业工匠团队。

（2）加强项目与人才培养、基地建设的衔接与协调，重视以项目支持带动人才培养和基地建设；通过安排项目和建设基地，培养和锻炼一支具有综合交叉能力的纳米科技人才队伍，优先选择人才和支持重点研究基地造就将帅人才，凝聚和培养创新能力强、学风正、有团队组织能力的学术带头人，加强承担项目的重点研究基地的条件建设；充分激发科技人才的创新活力和主动性，使上海成为亚太地区对科技创新人才最具吸引力、人才发展环境最优越、人才创新贡献最突出的区域之一。

第二、注重培养纳米科技创业人才

大量纳米科技成果进入市场和获得应用，是纳米科技健康发展的关键之一，这就需要我们制定政策，培养纳米科技成果转化人才。

（1）鼓励从事纳米科技的人才自主创业，推进高校、科研院所等事业单位科技人员，创办或服务纳米科技型企业，支持纳米科技人才在企业、高校、科研院所之间流动或双向兼职。

（2）纳米技术能否转化为市场需要的产品、能否产业化，关键依赖于从事纳米科技的创业人才。因此，要为各类创业人才制定降低创业成本的政策，要围绕纳米科技创新创业领军人才"做文章"，建立更加符合科技创新创业人才成长规律的机制，打造有利于创新创业人才成长的环境。

第三、完善纳米科技人才评价体系

尊重人才发展规律，为人才发展提供各类舞台，促进杰出科技人才脱颖而出。纳米科技人才涉及领域多、从事研发的人才多，大量青年优秀人才不断涌现。因此，建立纳米科技人才评价体系，既是对纳米科技现有人才的支持，又是对纳米科技后续人才培养的重大战略任务。

（1）为纳米科技创新创业人才成长创造更多机会，鼓励出台有利于创新创业领军人才的培养机制，要培育扶持一批具有全球视野的高水平科技创新和创新服务人才，集中开展紧缺急需和骨干专业技术人员专项培训，逐步构建科学合理的人才队伍结构。

（2）纳米科技人才评价应考虑多个方面，应根据人才所从事的前瞻与基础研究、应用与工程研究、检测与服务、管理与市场等不同方面进行评价，要根据所从事的工作内涵制订与此相关的评价体系，做到科学合理地评价纳米科技人才。

第四、建立纳米科技人才激励和流动机制

依托社会保障制度改革，破除身份壁垒，推动企事业单位科技人才双向流动；鼓励高等院校和科研院所改革岗位聘用机制，突破编制和职称约束，灵活引进高层次人才和团队；支持高等院校、科研院所和企业建立符合人才特点和市场规律的科技创新人才评价、激励机制和薪酬体系；探索年薪制和协议工资制，探索股权、期权和分红等激励措施以及合伙人机制；加强人才激励相关法规和制度建设，保障创新人才能分享创新收益等合法权益。

"筑巢引凤，广纳贤才"是高校、科研院所和企业发展进程中的一项重要工作，上海纳米科技的未来发展要吸引国内外顶尖水平的科研团队和著名学术和技术专家以及大批创新创业的领军人才，这就需要建立能够引得进、留得住、用得好各类人才的长效机制。

（1）建立有利于引进人才的机制。目前，人才引进主要靠自己申请，或高校、科研院所和企业出面联系，这种单薄的引入方式需要进一步优化。

A. 建立纳米科技高层次人才库，建立纳米科技人才同行专家评审机制；加大收集纳米科技优秀人才信息的范围，与国家有关机构加强合作；对初选人才广泛征求国内外同行专家的意见，不拘一格地选出优秀人才，做到公正的科学评价，避免信息与评价差错。

B. 建立人才竞争机制。目前，在科研、教育、管理和市场管理岗位上缺乏科学合理的竞争机制，导致在岗人员缺乏竞争，缺乏主动与国内外同行业务的对接、缺乏对业绩竞争的压力、缺乏对业内优秀者追赶的动力。因此，我们必须建立有利于人才竞争的机制，通过机制激励人才为理想而努力奋斗。

C. 做到"动之以情、待之以礼、安之以利"的12字引人方针；要认识到真正的人才不是招来的，而是请来的，要以"三顾茅庐"的精神主动真诚地去发现和邀请人才；对特别尖端优秀人才要做到一事一议，既从政治上给予充分信任，又在业务上大胆使用，如对上海纳米科技发展某一领域经评价能作出重大贡献者，应在发展目标确定确认后，给予行业内高规格待遇，允许组建以专家或学者命名的研究团队和实验室，并给予稳定的经费支持和待遇。

（2）建立有利于人才发展的机制。人才能够稳定发展的关键是要消除他们的后顾之忧，要解决影响人才可持续发展的问题；要建立着眼长远的人事制度，打破可能影响人才发展的行政层级制度。

A. 要建立与人才发展匹配的激励机制，注重人才成长周期的发展规律。对于在国内外获得了终身任期资格或巨额长期科研经费支持的人才，又是上海纳米科技发展的紧缺人才，要积极组织力量引进这些人才，同时要按照惯例，给予相当于引进时的待遇直至退休；同时在住房、配偶就业、子女入学、医疗社保等方面统筹安排，提供优惠的政策保障，真正解决其后顾之忧。

B. 建立纳米科技各类人才培养机制。上海纳米科技要进入快速健康发展，各类人才需求迫切，要鼓励基层教育制度创新，引入开放式教育竞争机制，组织力量编辑各类人才的培养教材，建立纳米科技不同需求人才的培养链，可尝试试点教育，办教育特区，给一些特殊政策，让试点单位先行先试，摸索经验。

C. 注重在管理岗位上的任用纳米科技人才。对于在纳米科研方面取得突出业绩的各类纳米科技人才，如果这些人才在管理方面拥有特长，要为他们创造科研管理岗位机会，为改变上海纳米科技与产业发展缺乏综合型人才的现状而奠定基础。

7.8　加强专利与标准意识，规范纳米技术产品市场行为

专利技术是企业占领市场、保持市场竞争力的重要保障，也是企业在市场发展中长期保持竞争优势必不可少的利器。近年来，高校、科研院所对自主知识产权意识不断加强，但是在专利转化意识和成效方面还相对不足；企业开始逐步非常重视专利在产品开发、生产经营和市场竞争方面所发挥的作用，但对专利在企业未来发展中的重要性意识仍显不足；对专利转化与保护意识还存在很大局限性等。这些问题导致了我国专利转化率整体处于相对较低下的水平。

标准是规范科学研究和检测服务的基础，是保障科学实验和检测服务重复性的基础，是规范市场上产品性能质量保障的基础。因此，标准既是当代科学研究与检测服务必须加强的重要工作，也是规范产品在市场上竞争力的重要工作。近年来，越来越多的高校、科研院所和企业开始重视标准工作。但是，从全局发展方面考虑标准化意识还亟待加强。

为了规范国内的知识产权意识，建设知识产权强国，2016 年以来，《国务院关于新形势下加快知识产权强国建设的若干意见》、《"十三·五"国家知识产权保护和运用规划》和《知识产权人才"十三·五"规划》等重要文件先后发布，从知识产权运营体系，到服务产业链和人才支撑等方面，全面明确了知识产权强国建设的发展方向。在这些大背景下，上海市知识产权管理与运营机构如雨后春笋般出现，但受限于运营机构的发展水平、专业从业人员的匮乏等因素，转化成功案例仍然较少。为了进一步加强上海市纳米科技从业人员的知识产权意识，进一步规范纳米技术产品的市场行为，建议如下：

（1）在专利方面要以市场化机制来推动专利转化与应用。专利是创新工作的主要成果之一，但创造专利不是最终目的，将专利成果有效转化应用变为现实的生产力才是推进创新发展的根本目标。

A. 抓好产生专利源头的布局：引导科研人员在撰写专利时，应注重技术原始创新和应用性、注重技术先进性和操作性、注重技术应用成本和替代性。

B. 抓好对专利的评价工作：建立具有专业人才、市场人才、法律人才和管理人才的评价团队，对各类专利都能进行科学务实的市场化评价。

C. 抓好专利服务于市场的需求：引导科研人员注重科研服务于市场的意识，做到专利的产生来自于市场的需求。

D. 抓好专利服务平台建设：加强政府管理在推进专利转化应用中的推动与规

范作用，大力发展知识产权服务平台，提高知识产权公共服务能力；在专利申请、专利侵权纠纷、专利资产评估、专利质押和专利转化等方面为科研人员和企业提供强有力的一体化专业支撑平台，强化"桥梁"作用，全面提高知识产权保护意识。

（2）在标准方面要以规范科研与市场为目标。标准是规范科研实验和检测服务重复性的主要手段之一，也是规范产品在市场上质量与竞争的最主要方法。

A. 抓好从事科学研究领域的标准布局：引导科研人员在开展科学实验工作时应加强标准意识，避免实验研究工作由于标准原因而不能重复。

B. 抓好产品评价标准工作：引导企业重视产品标准，产品标准的建立既要考虑技术的门槛，又要考虑市场的接受度，做到科学务实的制定评价标准。

C. 抓好标准服务平台建设：加强政府管理，推进标准在科研与产品发展中的重要支撑作用；加强标准宣传，规范产品市场，避免技术炒作；全面树立"研发 - 知识产权 - 技术标准 - 市场规范"的布局意识，从市场角度驱动可持续创新的发展，助推科研成果转化、规模化和产业化发展。

7.9 加强宣传，打造有利于科研创新的环境

加强宣传教育，引导科技工作者践行社会主义核心价值观。目前，构成我国科技工作者队伍的主体是新中国成立之后出生成长的中青年，其中，近80%是在改革开放之后成长起来的，这部分人群的受教育程度和基本业务素质明显提高，同时思想意识多元、多样、多变的特点也十分显著，个人价值取向的变化更为明显。应面向科技工作者开展针对性的宣传教育活动，采用多种形式精心解读社会主义核心价值体系的丰富内涵，全面提高科技工作者的价值判断力。

（1）大力培育科学文化和创新文化，营造良好的创新环境。着力推动科学文化建设，加大对优秀学术传统的研究和宣传力度，推动科技界进一步认同社会主义核心价值观，发挥科学共同体在培育科学文化中的基础和导向作用，大力弘扬科学报国和奉献精神，推动形成有利于创新的良好学术氛围。

（2）加大科普宣传力度，精心策划节目和报道内容。着力用科学知识、科学态度、科学思考引领社会思潮，巩固和壮大主流舆论，增强全社会公众的创新自信和对科技发展的支持理解，培育崇尚科学、勇于创新的社会价值观。广泛开展对优秀科技人物和创新团队优秀事迹的宣传，树立优秀典型，塑造科技工作者的良好社会形象，营造尊重劳动、尊重知识、尊重人才、尊重创造的良好氛围。

（3）组织开展多种形式的学术交流和举荐表彰活动。注重搭建多种形式、不同层次的合作交流平台，推动优秀人才拓展视野、提升能力；发挥学术交流对人才培养的促进作用，支持科技社团举办高端、前沿、跨学科的学术交流活动，支持国内科技期刊提升质量和影响力，吸引国际科学组织在华召开国际一流学术会

议，支持国内知名专家积极参与国际学术团体活动并争取担任领导职务。

（4）加强对科研工作者的继续教育，打造有利于科研创新环境。面对科技迅猛发展的形势要求，全面布局科技工作者的继续教育，支持用人单位建立在职学习长效机制，鼓励科技工作者在"干中学"，不断提高其科研水平和创新能力；对高级研究人员实行学术年假制度，让他们有更多的机会进行学术交流，助其舒缓工作和学习压力；改革科技奖励制度，坚持以用为本，充分发挥科技社团的同行评价作用，对科技工作者的学术水平、研究能力、科研产出和诚信状况作出客观评价，通过科学合理的奖励机制推动德才兼备的优秀人才脱颖而出，在合适的工作岗位、专业领域和条件保障支持下，创造出更加丰硕的科技成果，创造更加辉煌的科技业绩。

参 考 文 献

1. 国家创新驱动发展战略纲要 [J]. 中国信息技术教育 , 2016(12).

2. 上海市促进科技成果转化条例 [J]. 华东科技 , 2017(7).

3. 张邦维 . 纳米材料物理基础 [M]. 化学工业出版社 , 2009.

4. G. 霍兹 , 赵辉 . 纳米材料电化学 [M]. 科学出版社 , 2006.

5. C.M. 尼迈耶 , C.A. 墨尔金 , 尼迈耶等 . 纳米生物技术 : 概念、应用和前景 [J]. 2008.

6. 白春礼 . 纳米技术发展前景 [J]. 中国国情国力 , 2002(7):8-10.

7. 白春礼 . 纳米科技发展趋势分析（一）[J]. 纳米科技 , 2005(5):3-7.

8. 刘书雷 , 刘慧超 . 未来二十年纳米技术发展趋势及其对军事领域的影响 [J]. 国防技术基础 , 2009(4):43-46.

9. 王彩霞 , 乌兰 , 郑源强等 . 纳米药物在肺癌治疗中的研究进展 [J]. 医学综述 , 2017, 23(2):311-317.

10. 许海燕 , 孔桦 . 纳米材料的研究进展及其在生物医学中的应用 [J]. 基础医学与临床 , 2002, 22(2):97-102.

11. 金华芳 , 袁琳 , 邱乐等 . 纳米材料在医学领域的应用及安全性研究进展 [J]. 生物骨科材料与临床研究 , 2009, 6(5):33-35.

12. 彭万波 . 微纳制造技术的发展现状与发展趋势 [J]. 航空精密制造技术 , 2009, 45(2):30.

13. 张志勤 . 欧盟纳米技术的研发现状及趋势分析 [J]. 全球科技经济瞭望 , 2014(6):23-32.

14. 栾春娟 , 侯海燕 . 全球纳米科学 - 技术发展情报分析 [J]. 现代情报 , 2011, 31(9):125-128.

15. 吴松 . 日本政府的纳米科技发展战略与重大举措 [J]. 全球科技经济瞭望 , 2008, 23(6):16-21.

16. Kamei K, Mukai Y, Kojima H, et al. Direct cell entry of gold/iron-oxide magnetic nanoparticles in adenovirus mediated gene delivery.[J]. Biomaterials, 2009, 30(9):1809-1814.

17. Ling Y, Wei K, Luo Y, et al. Dual docetaxel/superparamagnetic iron oxide loaded nanoparticles for both targeting magnetic resonance imaging and cancer therapy[J]. Biomaterials, 2011, 32(29):7139.

18. Shi J, Wang L, Gao J, et al. A fullerene-based multi-functional nanoplatform for cancer theranostic applications[J]. Biomaterials, 2014, 35(22):5771-84.

19. Xia X R, Monteiroriviere N A, Riviere J E. An index for characterization of nanomaterials in biological systems.[J]. Nature Nanotechnology, 2010, 5(9):671-5.

20. Hood E. Nanotechnology: looking as we leap[J]. Environmental Health Perspectives, 2004, 112(13):740-9.

21. Heyder J, Takenaka S. Long-term canine exposure studies with ambient air pollutants[J]. European Respiratory Journal, 1996, 9(3):571-84.

22. Wagner P E, Kreyling W G, Semmler M, et al. Health effects of ultrafine particles[J]. Journal of Aerosol Science, 2004, 35(1):1155-1156.

23. Alivisatos P. The use of nanocrystals in biological detection[J]. Nature Biotechnology, 2004, 22(1):47.

24. Walczyk D, Bombelli F B, Monopoli M P, et al. What the cell "sees" in bionanoscience.[J]. Journal of the American Chemical Society, 2010, 132(16):5761-8.

25. Ferrari M. Cancer nanotechnology: opportunities and challenges.[J]. Nature Reviews Cancer, 2005, 5(3):161.

26. Liu Y, Lan K, Bagabas A A, et al. Ordered macro/mesoporous TiO_2 hollow microspheres with highly crystalline thin shells for high‐efficiency photoconversion[J]. Small, 2016, 12(7):860.

27. Liu Y, Che R, Chen G,etal. Radially oriented mesoporous TiO_2 microspheres with single-crystal-like anatase walls for high-efficiency optoelectronic devices.[J]. Science Advances, 2015, 1(4):1500166.

28. Jiang H, Ren D, Wang H, et al. Batteries: 2D monolayer MoS_2–carbon interoverlapped superstructure: engineering ideal atomic interface for lithium ion storage[J]. Advanced Materials, 2015, 27(24):3687.

29. Deng Z, Jiang H, Hu Y, et al. 3D ordered macroporous MoS_2 @C nanostructure for flexible Li-ion batteries.[J]. Advanced Materials, 2017, 29(10).

30. Li X, Iocozzia J, Chen Y, et al. Functional nanoparticles enabled by block copolymer templates: from precision synthesis of block copolymers to properties and applications of nanoparticles[J]. Angewandte Chemie International Edition, 2017.

31. Wang Q, Hu L, Chen M, et al. Synthesis and enhanced photoelectric performance of Au/ZnO hybrid hollow sphere[J]. RSC Advances, 2015, 5(125):103636-103642.

32. Yang L, Zhou S, Wu L. Preparation of waterborne self-cleaning nanocomposite coatings based on TiO_2/PMMA latex[J]. Progress in Organic Coatings, 2015, 85:208-

215.

33. Chen K, Zhou S. Fabrication of ultraviolet-responsive microcapsules via pickering emulsion polymerization using modified nano-silica/nano-titania as Pickering agents[J]. RSC Advances, 2015, 5(18):13850-13856.

34. Babar A A, Wang X, Iqbal N, et al. Tailoring differential moisture transfer performance of nonwoven/polyacrylonitrile‐SiO$_2$ nanofiber composite membranes[J]. Advanced Materials Interfaces, 2017:4（15）.

35. Li Y, Yang F, Yu J, et al. Hydrophobic fibrous membranes with tunable porous structure for equilibrium of breathable and waterproof performance[J]. Advanced Materials Interfaces, 2016, 3(19):1600516.

36. Li Z, Shen J, Abdalla I, et al. Nanofibrous membrane constructed wearable triboelectric nanogenerator for high performance biomechanical energy harvesting[J]. Nano Energy, 2017, 36.

37. Xu Y, Sheng JL, Yin X, Yu JY，Ding B，Functional modification of breathable polyacrylonitrile/polyurethane/TiO$_2$ nanofibrous membranes with robust ultraviolet resistant and waterproof performance[J]，Journal of Colloid and Interface Science, 2017, 15:508-716.

38. Zhao J, Li Y, Sheng J, et al. Environmental friendly and breathable fluorinated polyurethane fibrous membranes exhibiting robust waterproof performance[J]. ACS Applied Materials & Interfaces, 2017,9: 29032-29310.

39. 徐春兰. 纳米粒子的分散与浓度检测技术标准化研究 [M]. 南京理工大学，2012.

40. 贺寅竹，赵世杰，尉昊赟等. 跨尺度亚纳米分辨的可溯源外差干涉仪 [J]. 物理学报，2017, 66(6): 39-45.

41. 孙剑. 浅谈国产生命科学仪器的问题与不足 [J]. 技术与市场，2017, 24(2):125-127.

42. 白春礼. 扫描隧道显微术及其应用 [M]. 上海科学技术出版社，1992.

43. Li X, Majdi S, Dunevall J, et al. Quantitative measurement of transmitters in individual vesicles in the cytoplasm of single cells with nanotip electrodes[J]. Angewandte Chemie International Edition, 2015, 54(41):11978.

44. 刘忍肖，高洁，葛广路. 我国纳米标准样品研究进展 [J]. 中国标准化，2012(10):80-84.

45. 武思宏，周小林，杨云等. 国家科技计划后端资助政策及项目评估——以国家重大科学仪器设备开发专项为例 [J]. 中国科技论坛，2017(1):5-11.

46. 赵捷，张杰军. 振兴我国科学仪器设备产业刻不容缓 [J]. 中国科技论坛，

2012(7):69-73.

47. 张黎伟, ZhangLiwei. 北京大学仪器创制与关键技术研发工作的探索与实践 [J]. 实验技术与管理, 2016, 33(3):23-25.

48. 张冀川, 陈俊杰. 面向服务的大型科学仪器共享平台 [J]. 太原理工大学学报, 2008, 40(22):130-133.

49. 林志銮, 金晓怀, 张传海等. 应用型高校大型精密仪器共享平台的建设 [J]. 广州化工, 2017, 45(7):161-163.

50. 肖李鹏, 汤光平. 国内外大型科学仪器设备开放共享分析及对策 [J]. 实验室研究与探索, 2016, 35(4):275-278.

51. Hapala P, Kichin G, Wagner C, et al. The mechanism of high-resolution STM/AFM imaging with functionalized tips[J]. Physical Review B, 2014, 90(8):226101-226101.

52. Jia S, Vaughan J C, Zhuang X. Isotropic 3D Super-resolution Imaging with a Self-bending Point Spread Function[J]. Nature Photonics, 2014, 8(4):302-306.

53. Zhang Q, Li H, Gan L, et al. In situ fabrication and investigation of nanostructures and nanodevices with a microscope[J]. Chemical Society Reviews, 2016, 45(9):2694-2713.

54. Zhao C, Dai X, Yao T, et al. Ionic exchange of metal-organic frameworks to access single nickel sites for efficient electroreduction of CO_2[J]. Journal of the American Chemical Society, 2017, 139(24):8078.

55. Hu C J, Chen H W, Shen Y B, Lu D, Zhao Y F, Lu A H, Wu X D, Lu W, Chen L W. In-situ wrapping of the cathode material in lithium-sulfur batteries[J]. Natuer Communcation, 2017, 8: 479-487.

56. Liao H, Wei C, Wang J, et al. A multisite strategy for enhancing the hydrogen evolution reaction on a nano‐pd surface in alkaline media[J]. Advanced Energy Materials, 2017.

57. Qiao Y, Yi J, Wu S, et al. Li-CO_2, Electrochemistry: a new strategy for CO_2. fixation and energy storage[J]. Joule, 2017.

58. 王朔, 周格, 禹习谦等. 储能技术领域发表文章和专利概览综述 [J]. 储能科学与技术, 2017,4: 810-838.

59. Guo R, Zhu Z, Boulesbaa A, HaoF, Puretzky A, Xiao K, Bao J M, Yao Y, Li W Z. Synthesis and photoluminescence properties of 2D phenethylammonium lead bromide perovskite nanocrystals[J]. Small Methods, 2017, 1700245: 1-6.

60. Zhang J, Wang G, Liao Z Q, Zhang P P, Wang F X, Zhuang X D, Zschech E, Feng X L. Iridium nanoparticles anchored on 3D graphite foam as a bifunctional

electrocatalyst for excellent overall water splitting in acidic solution[J]. Nano Energy, 2017, 40: 27-33.

61. Eftekhari A, Babu V J, Ramakrishna S. Photoelectrode nanomaterials for photoelectrochemical water splitting[J]. International Journal of Hydrogen Energy, 2017, 42(6): 11078-11109.

62. Liu W, Hu J, Zhang S, et al. New trends, strategies and opportunities in thermoelectric materials: A perspective[J]. Materials Today Physics, 2017, 1: 50-60.

63. Niaz S, Manzoor T, Pandith A H. Hydrogen storage: materials, methods and perspectives[J]. Renewable & Sustainable Energy Reviews, 2015, 50:457-469.

64. Ramadhani F, Hussain M A, Mokhlis H, et al. Optimization strategies for solid oxide fuel cell (SOFC) application: a literature survey[J]. Renewable & Sustainable Energy Reviews, 2017, 76:460-484.

65. Hossain A, Bandyopadhyay P, Guin P S, Roy S. Recent developed different structural nanomaterials and their performance for supercapacitor application. Applied Materials Today, 2017, 9: 300-313.

66. Meng F, Fu G, Butler D. Cost-effective river water quality management using integrated real-time control technology[J]. Environmental Science & Technology, 2017, 51(17):9876.

67. Qu X, Brame J, Li Q, et al. Nanotechnology for a safe and sustainable water supply: enabling integrated water treatment and reuse[J]. Accounts of Chemical Research, 2013, 46(3):834.

68. Zhang Y, Wu B, Xu H, et al. Nanomaterials-enabled water and wastewater treatment[J]. Nanoimpact, 2016, 3-4:22-39.

69. Qu X, Alvarez P J, Li Q. Applications of nanotechnology in water and wastewater treatment[J]. Water Research, 2013, 47(12):3931-3946.

70. Suthar R G, Gao B. 3 – Nanotechnology for drinking water purification[J]. Water Purification, 2017:75-118.

71. Favrereguillon A, Lebuzit G, Jacques Foos A, et al. Selective concentration of uranium from seawater by nanofiltration[J]. Industrial & Engineering Chemistry Research, 2003, 42(23):5900-5904.

72. Dai K, Peng T, Chen H, et al. Photocatalytic degradation and mineralization of commercial methamidophos in aqueous titania suspension[J]. Environmental Science & Technology, 2008, 42(5):1505-10.

73. Ochiai T, Nakata K, Murakami T, et al. Development of solar-driven electrochemical and photocatalytic water treatment system using a boron-doped diamond

electrode and TiO$_2$ photocatalyst[J]. Water Research, 2010, 44(3):904.

74. Ren K, Du H, Yang Z, et al. Separation and sequential recovery of tetracycline and Cu(II) from water using reusable thermo-responsive chitosan-based flocculant[J]. ACS Applied Materials & Interfaces, 2017, 9(11).

75. Agarwal A, Ng W J, Liu Y. Principle and applications of microbubble and nanobubble technology for water treatment[J]. Chemosphere, 2011, 84(9):1175-80.

76. Gheorghe I, Czobor I, Lazar V, et al. 9 – Present and perspectives in pesticides biosensors development and contribution of nanotechnology[J]. New Pesticides & Soil Sensors, 2017:337-372.

77. Saini R K, Bagri L P, Bajpai A K. 14 – Smart nanosensors for pesticide detection[J]. New Pesticides & Soil Sensors, 2017:519-559.

78. Lundie S, Peters G M, Beavis P C. Life cycle assessment for sustainable metropolitan water systems planning[J]. Environmental Science & Technology, 2004, 38(13):3465-73.

79. Zhu J, Li H, Zhong L, et al. Perovskite oxides: preparation, characterizations, and applications in heterogeneous catalysis[J]. ACS Catalysis, 2014. 4:2917-2940.

80. Brijesh P, Sreedhara S. Exhaust emissions and its control methods in compression ignition engines: A review[J]. International Journal of Automotive Technology, 2013, 14(2):195-206.

81. Keav S, Matam S K, Weidenkaff A. Structured perovskite-based catalysts and their application as three-way catalytic converters—a review[J]. Catalysts, 2014, 4(3):226-255.

82. Wang J, Yang J, Gao J, et al. The progress of diesel emissions and control technique[J]. Science & Technology Review, 2011, 29:67-75.

83. Zhan W, Guo Y, Gong X, et al. Current status and perspectives of rare earth catalytic materials and catalysis[J]. Chinese Journal of Catalysis, 2014, 35(8):1238-1250.

84. Zhu Y, Pan C. A review of BiPO$_4$, a highly efficient oxyacid type photocatalyst, for environmental applications[J]. Catalysis Science & Technology, 2015, 5(6):3071-3083.

85. Zhan W, Wang J, Wang H, et al. Crystal structural effect of aucu alloy nanoparticles on catalytic CO oxidation[J]. Journal of the American Chemical Society, 2017, 139(26):8846.

86. Shu Z, Chen Y, Huang W, et al. Room-temperature catalytic removal of low-concentration NO over mesoporous Fe–Mn binary oxide synthesized using a template-free approach[J]. Applied Catalysis B Environmental, 2013, 140–141(8):42-50.

87. Du Y, Hua Z, Huang W, et al. Mesostructured amorphous manganese oxides: facile synthesis and highly durable elimination of low-concentration NO at room temperature in air[J]. Chemical Communications, 2015, 51(27):5887-9.

88. Chen X, Li Y, Pan X, et al. Photocatalytic oxidation of methane over silver decorated zinc oxide nanocatalysts[J]. Nature Communications, 2016, 7:12273.

89. Dong J, Wang W, Sun S, et al. Equilibrating the plasmonic and catalytic roles of metallic nanostructures in photocatalytic oxidation over au-modified CeO_2[J]. ACS Catalysis, 2015, 5(2):613-621.

90. Li J, Liu H, Deng Y, et al. Emerging nanostructured materials for the catalytic removal of volatile organic compounds[J]. Nanotechnology Reviews, 2016, 5(1):147-181.

91. Karaush, N.N., Baryshnikov, G.V., Minaeva, V.A., Ågren, H., Minaev, B.F. Recent progress in quantum chemistry of heterocirculenes. molecular physics[J]. 2017, 115 (17-18):2218-2230

92. Wong M Y, Zysman-Colman E. Purely organic thermally activated delayed fluorescence materials for organic light-emitting diodes[J]. Advanced Materials, 2017, 29 (22): 1605444

93. Gao S, Lin Y, Jiao X, et al. Partially oxidized atomic cobalt layers for carbon dioxide electroreduction to liquid fuel[J]. Nature, 2016, 529(7584):68.

94. Baryshnikov G, Minaev B, Ågren H. Theory and calculation of the phosphorescence phenomenon[J]. Chemical Reviews, 2017, 117 (9), 6500-6537

95. Wang Y H, Huang K J, Wu X. Recent advances in transition-metal dichalcogenides based electrochemical biosensors: A review[J]. Biosensors & Bioelectronics, 2017, 97:305-316

96. Chen X. Symmetry fractionalization in two dimensional topological phases[J]. Reviews in Physics, 2017, 2:3-18.

97. Feng W, Wang Z, Chao J, et al. Progress on electronic and optoelectronic devices of 2D layered semiconducting materials[J]. Small, 2017, 13 (35):1604298

98. Song X, Guo Z, Zhang Q, et al. Progress of large-scale synthesis and electronic device application of two-dimensional transition metal dichalcogenides.[J]. Small, 2017:1700098.

99. Soysal U, Gehin E, Algre E, et al. Aerosol mass concentration measurements: recent advancements of real-time nano/micro systems[J]. Journal of Aerosol Science, 2017, 114:42-54

100. Jalil J, Zhu Y, Ekanayake C, et al. Sensing of single electrons using micro and

nano technologies: a review.[J]. Nanotechnology, 2017, 28(14):142002.

101. Ramirez-Bautista J A, Huerta-Ruelas J A, Chaparro-Cardenas S L, et al. A review in detection and monitoring gait disorders using in-shoe plantar measurement systems[J]. IEEE Reviews in Biomedical Engineering, 2017, PP(99):1-1.

102. Potyrailo R A. Toward high value sensing: monolayer-protected metal nanoparticles in multivariable gas and vapor sensors[J]. Chemical Society Reviews, 2017, 46 (17): 5311-5346.

103. KholghiEshkalak, S., Chinnappan, A., Jayathilaka, W.A.D.M., Khatibzadeh, M., Kowsari, E., Ramakrishna, S. A review on inkjet printing of CNT composites for smart application[J]. Applied Materials Today, 2017, 9: 372-386.

104. Lau G K, Shrestha M. Ink-jet printing of micro-elelectro-mechanical systems (MEMS)[J]. Micromachines, 2017, 8(6):194.

后　记

首先，要特别感谢上海市科学技术委员会对《纳米科技与微纳制造研究——技术路线图》项目的资助。

在过去的近 20 年里，上海在国家发展纳米科技纲要的指导下，全面布局了上海纳米科技的发展。在实施多年的上海纳米科技专项布局下，目前，上海从事纳米科技的队伍在高校、科研院所和企业不断得到壮大，从事纳米科技研究的项目团队逐步形成了专业特色和优势，上海纳米科技取得了快速发展。在新一轮科技创新发展形势下，纳米科技如何支撑上海四大中心和科技创新中心建设，如何支撑科技与产业的发展，这需要我们集思广益，科学合理布局发展，拟定规划，为上海纳米科技健康持续发展奠定基础。鉴于此，纳米技术及应用国家工程研究中心对承担的上海市科学技术委员会软课题《纳米科技与微纳制造研究——技术路线图》项目，首先在技术层面建立了由多领域的著名专家组成的核心专家团队，在具体实施层面建立了撰写团队，并制订了完成项目的两个步骤。

第一，建立以何丹农主任为核心的撰写团队。团队成员主要有中心课题组成员（何丹农、刘睿、尹桂林、朱君、王萍、赵昆峰、林琳、张迎、祝闪闪、卢静、胡雅萍、袁静、童琴、张芳和王艳丽等），并邀请了华东理工大学林绍梁教授、牛德超副教授，复旦大学詹义强教授，华东师范大学裴昊教授等专家；团队负责查阅文献、收集信息、撰写报告与汇总相关资料文档等工作。

第二，建立调研与研讨工作小组。小组由中心课题组成员为主，其工作主要分为 4 个阶段：

（1）调研期：对上海主要高校和科研院所进行现场调研或提纲问卷调研，获取广泛信息资料；参加《纳米科技与微纳制造研究——技术路线图》项目调研期的专家学者主要有：

2016 年 12 月 20 日，在复旦大学：赵东元院士、沈健教授、武利民教授、夏永姚教授、李富有教授、俞麟教授、张远波教授、陆伟教授、付杰教授、梅永丰教授、张凡教授、徐晓创副处长、王浩副主任、李伟和辜敏等老师。

2016 年 12 月 28 日，在上海师范大学：杨仕平教授、魏新林教授、刘国华教授、张昉教授、朱建教授、张沿闻教授、肖胜雄教授、郎万中教授、杨海峰教授、黄磊教授、万颖教授、卞振锋教授、余强教授等老师。

2016 年 12 月 29 日，在上海大学：施利毅教授、张建华教授、王廷云教授、高彦峰教授、谢少荣教授、潘登余教授、徐甲强教授、张登松教授、袁帅教授、施鹰教授、张田忠教授、杨绪勇教授等老师。

2017 年 1 月 5 日，在东华大学：朱美芳教授、莫秀梅教授、王宏志教授、史向阳教授、丁彬教授、覃小红教授、孙宾教授、王璐和刘占莲等老师。

2017 年 1 月 5 日，在中科院上海硅酸盐研究所：黄富强研究员、孙静研究员、祝迎春研究员、闫继娜研究员、朱英杰研究员、曾华荣研究员、刘宣勇研究员、陈航榕研究员、陈雨研究员、王家成研究员、李驰麟研究员、王文中研究员、刘建军研究员、郑学斌研究员、曹迅副研究员、郇志广副研究员、李博助研、石超助研、刘军副处长、乔玉琴等老师。

在中科院上海微系统与信息技术研究所：赵建龙研究员、李昕欣研究员、宋志堂研究员、刘波研究员、欧欣研究员、贺庆国研究员、狄增峰研究员、薛忠营研究员、金庆辉研究员、李铁研究员、游天桂助研等老师。

在中科院上海有机化学研究所：胡金波研究员、黄晓宇研究员、游书力研究员、赵晓龙处长等老师。

在中科院上海技术物理研究所：戴宁研究员、陈鑫研究员、郝加明研究员等老师。

在中科院上海药物研究所：李亚平研究员、董永焯研究员、于海军研究员等老师。

在中科院上海应用技术研究所：樊春海研究员、李宾研究员、左小磊研究员等老师。

在中科院上海高等研究院：杨辉研究员、祝艳研究员等老师。

在中科院上海光机研究所：王俊研究员等老师。

在上海生科院营养研究所：宋海云研究员等老师。

2017 年 1 月 9 日，在同济大学：沈军教授、成昱教授、杜建忠教授、黄智鹏研究员、黄佳教授、陈涛研究员、程鑫彬教授、李永勇研究员、刘海峰副科长等老师。

2017 年 1 月 10 日和 16 日，在上海交通大学：孙宝德教授、刘燕刚教授、张荻教授、古宏晨教授、袁广银教授、张澜庭教授、彭立明教授、李志强研究员、李良教授、邓涛教授、李涛教授、李铸国教授、范同祥教授、邬剑波特别研究员、袁望章教授、冯传良教授、肖华教授、高小玲教授、李金金特别研究员、陈翔副研究员、杨志特别研究员、陈长鑫副研究员、李飞副研究员、段华南副教授、裴洁老师、陈汉讲师、韩远飞助理研究员、陈玉洁讲师、刘静讲师、陈娟助理研究员、吴玉娟助理研究员等老师。

2017 年 1 月 12 日，在华东理工大学：李春忠教授、朱以华教授、林绍梁教授、张金龙教授、陈新教授、龙东辉教授、郭杨龙教授、田宝柱教授、张维冰教授、张玲研究员、袁媛教授、陈锋副院长、应佚伦副研究员、魏巍副教授、邢明阳副教授、顾婷院办副主任等老师。

2017 年 1 月 13 日，在华东师范大学：黄素梅教授、胡炳文研究员、路勇教授、孙琳研究员、胡鸣研究员、林和春副研究员、赵然副研究员、王华副处长、熊申展等老师。

2017 年 3 月 17 日，在上海卫星工程研究所：张伟教授等老师。

此外，上海理工大学郑时有和上海中医药大学冯年平等教授也为调研提供了资料。

（2）**研讨期**：编辑团队首先对调研获取的信息资料进行了汇总和分析，撰写形成报告后，又组织专家对报告初稿进行了研讨。

2017 年 1 月 21 日，撰写团队邀请了高校和研究所部分专家在纳米技术及应用国家工程研究中心对调研形成的《纳米科技与微纳制造研究——技术路线图》项目进行了研讨，出席会议的专家学者有：复旦大学：武利民教授、陆伟跃教授；华东理工大学：朱以华教授；上海大学：施利毅教授、张建华教授、蒲华燕副教授、刘娜老师；东华大学：莫秀梅教授、丁彬教授；上海师范大学：杨仕平教授、潘裕柏教授、杨海峰教授；华东师范大学：裴浩教授、孙琳教授；上海交通大学：古宏晨教授；同济大学：李光明教授、杜建忠教授、成昱教授；上海健康医学院：黄钢教授；中科院上海微系统与信息技术研究所：李昕欣研究员；中科院上海高等研究院：杨辉研究员；中科院上海硅酸盐研究所：刘宣勇研究员；中科院上海有机化学研究所：黄晓宇研究员；中科院上海应用技术研究所：李宾研究员；中科院上海生科院营养研究所：宋海云研究员；中科院上海光机研究所：张赛锋老师等。

（3）**总结期**：对研讨形成的建议，经汇总和分析后形成的报告，再次组织专家进行总结，期望报告能全面反映上海纳米科技未来发展的需求与建设。

2017 年 3 月至 7 月，报告撰写团队多次召开会议，对研讨期形成的报告进行汇总总结。期间，报告撰写团队对形成的报告不断征求专家学者意见，对《纳米科技与微纳制造研究——技术路线图》项目多次修改指正的专家学者主要有：上海交通大学：张亚非教授、古宏晨教授、杨军教授、朱南文教授、赵一新教授李良教授；复旦大学：陆伟跃教授、武利民教授、方炎教授；同济大学：李光明教授、成昱教授、王占山教授；华东师范大学：田阳教授；东华大学：丁彬教授；上海师范大学：杨海峰教授；上海电力大学：李和兴教授；中科院上海高等研究院：封松林研究员、杨辉研究员；上海医药工业研究院：陆伟根研究员；中科院上海硅酸盐研究所：施剑林研究员、祝迎春研究员、黄富强研究员、毕辉副研究员、秦鹏副研究员、林天全副研究员、刘战强高级工程师、毕庆员助理研究员、唐宇峰副研究员、赵伟助理研究员；中科院上海微系统与信息技术研究所：赵建龙研究员、宋志堂研究员；中科院上海应用技术研究所：樊春海研究员；中科院上海光机研究所：王俊研究员；上海航天控制技术研究所：陈赟等。

（4）**凝练期**：撰写团队将总结期形成的报告，邀请有关专家最后再次凝练，期望最终报告能全面、科学、务实地反映现状与未来发展布局。

2017 年 8 月 10 日，撰写团队组织有关专家在纳米技术及应用国家工程研究中心对总结后形成的报告再次进行凝练与聚焦，出席对《纳米科技与微纳制造研究——技术路线图》项目凝练期的专家学者主要有：复旦大学：陆伟跃教授、孙大林教授；同济大学：李光明教授、杜建忠教授；上海交通大学：路庆华教授；华东师范大学：田阳教授；中科院上海高等研究院：封松林研究员；中科院上海硅酸盐研究所：施剑林研究员等。

《纳米科技与微纳制造研究——技术路线图》在撰写过程中，我们虽然努力以科学、务实和创新为编写原则，同时也查阅了大量的文献资料，但是难免会出现挂一漏万、数据与出处有错误等问题，欢迎批评指正！本书涉及的学科众多，加上作者学识有限，对书中纯属个人观点的论述部分，也难免存在不妥之处，仅供参考。

本书的完成最重要的是得到了上海从事纳米科技研究的主要高校和研究院所的大力支持，在此，衷心感谢上述所列单位与专家对本书完成所给予的全力支持！致谢排名不分先后，如有疏漏，敬请谅解！

最后，感谢上海科学学研究所，在本书撰写过程中所提供的指导和帮助！